〔美〕张天蓉
葛惟昆

著

科学传奇

商务印书馆
The Commercial Press

图书在版编目(CIP)数据

科学传奇/(美)张天蓉,葛惟昆著.—北京:商务印书馆,
2021
ISBN 978-7-100-19658-1

Ⅰ.①科… Ⅱ.①张…②葛… Ⅲ.①科学史—世界
Ⅳ.①G3

中国版本图书馆 CIP 数据核字(2021)第 045565 号

科学传奇

〔美〕张天蓉　葛惟昆　著

商　务　印　书　馆　出　版
(北京王府井大街36号　邮政编码100710)
商　务　印　书　馆　发　行
北京中科印刷有限公司印刷
ISBN 978-7-100-19658-1

2021 年 5 月第 1 版　　开本 880×1230　1/32
2021 年 5 月北京第 1 次印刷　印张 11
定价:55.00 元

目录

　　在亿万年的进化中，宇宙诞生、星球形成，人类出现在地球家园。仰望星空、依附大地，具有思考能力的人类面对的是他们赖以生存的大自然。浩淼的太空、咆哮的海洋，洪水猛兽、天灾地祸，使他们不得不利用因为物种进化而获取的思维能力，为生存而认识自然、克服困难、保护自己。

　　认识自然，就是科学的发端，也是科学的终极目的。据说达尔文曾给科学一个定义："科学就是整理事实，从中发现规律，得出结论。"法国《百科全书》的定义是："科学首先不同于常识，科学通过分类，以寻求事物之中的条理。此外，科学通过揭示支配事物的规律，以求说明事物。"中国的《辞海》则定义科学为："运用范畴、定理、定律等思维形式反映现实世界各种现象的本质规律的知识体系。"

　　也有人认为，科学是获取知识的过程，而非知识本身。这主要是指作为科学研究的科学。的确，对科学而言，获取知识的过程，也必须具有科学的特征。这就要求科学家具有科学的态度。一个科学家必须首先是一个怀疑论者。他必须分清事实和主张，关注细节，对诚实有强烈的道德认同感。具体来说，他所采取的科学方法包括：1.严谨的观察；2.质疑和探究；3.建立和验证假说；4.运用理论与法则；5.验证与交流。

　　科学的发现和发展，要建立在严谨的科学态度和正确的认知方法的基础上，要以深厚的知识为背景，但也时常具有偶然性。虽然这些偶然其实是必然的交叉点，但它的出现还是给人意外的惊喜和困惑，因而具有传奇的色彩。更多的科学成果来源于孜孜不倦的探索，需要超乎常人的毅力和坚韧，厚积而薄发地闪现出天才的灵光。这是另一种传奇。

这本《科学传奇》，不是严谨学术意义上的科学史，却基本覆盖了历史上的重大科学事件。从科学起源的古希腊，到中世纪的阿拉伯，到文艺复兴及科学革命的欧洲，再到如今全球范围内蓬勃发展的现代科学，对大多数里程碑式的事件，书中都尽可能地提及。

当代科学哲学中，有两种基本的科学史观，分别对应于"进化"和"革命"这两种不同的发展模式。正是这两种对立统一的模式之相互促进、循环交替，才构成了整个辉煌灿烂的科学史。进化缓慢，革命激烈。无论缓慢还是激烈中，都有"传奇"的故事，本书便旨在找出这些传奇点，为读者展开科学探索的历史。第一章中，首先回放历史，传奇从两千多年前的古希腊开始。

除了时间维度之外，横向坐标所代表的则是科学中的不同领域。如今的科学学科已经越来越多，使人有目不暇接之感。不过，仍然可以梳理成物理和生物两个主要分支。这是因为人类的好奇心永远面对着两个"永恒的诱惑"：宇宙的本质和"我"的由来！宇宙之无垠，意识之深奥，这是两个人类将永远探索下去，同时也可以说不会有最终答案的问题。

早期科学史上，始于天文学的经典物理研究遥遥领先、成果斐然，因此我们将经典物理学的发展脉络集中在第二章叙述。之后，科学当然不会忘记她的另一个使命：探索生命如何起源，意识如何形成。于是乎，生物、化学、医学、工程等学科都悄然跟上，我们蜻蜓点水式地介绍这些领域的几个例子，以证科学范围之广博，这些构成了本书第三章的内容。

第四章介绍几个现代科学革命：理论物理中相对论和量子力学的创立和发展；固体物理到凝聚态的转换，这标志着许多概念上的创新；量子电动力学和量子场论；晶体管和半导体的发展带来信息革命；等等。

第五章则选择了几位女科学家，介绍她们的传奇故事以及她们对科学的贡献。

科学不是孤立于世的，她在思想上与哲学同源，在实用上与工业技术共进，在文化层面上与文学艺术等人文学科都息息相通、紧密相关。近几十年来，科学发展迅速，许多交叉学科和新科学不断诞生。我们于第六章介绍科学之美，最后一章介绍科学与哲学的关系。

古往今来，科学不断地为我们打开新世界，创造新生活，不断地带来种种方便和快乐，带来满足和喜悦。科学因其固有的探索性质，其本身就是传奇。我们所介绍的，是传奇中的传奇：传奇的人物、传奇的事件，传奇的发现、传奇的发明，也有科学家们在科学活动失败之后，百折不挠的奋斗传奇。这些传奇激励我们、启迪我们，调动我们的灵感、鼓舞我们的精神，使更多的人沿着科学探索的道路前行，使我们生存的世界更富有科学内涵和科学精神。

泰勒斯

群星灿烂

扁鹊

托勒密

第一章

科学之起源

希波克拉底

阿基米德

科学为何没有起源于我们号称有 5000 年历史、文化博大精深的中华，而是起源于古希腊那块弹丸之地？古希腊有何传奇之处享受如此殊荣？是偶然还是必然？这是一个值得探讨的问题。

　　现代科学在人类文明社会中得以诞生，这件事本身就颇为传奇。回头追溯看概率，我们不得不为之惊叹！首先，宇宙中亿万颗星球，目前发现只有地球上有生命，不难计算生命在宇宙中产生的概率是多少。因此可以说，生命的产生是一个十分传奇的偶然事件，而生命进化到了人类，又可谓"传奇中的传奇"！最后，人类形成了文明社会，又诞生了科学，并且科学独独发源于古希腊一带，就更为传奇了！

泰勒斯：何为万物之本？

　　地球的生命历史已经有几十亿年，人类历史也长达几百万年之久，但人类的文明史却很短，只有几千年。什么是文明？有文才能明，因此，文明开始于文字的发明。中国最早的甲骨文，始于公元前 2000 年左右；古埃及的文字，大约始于公元前 3000 年；两河流域的苏美尔文明，大约出现在公元前 4000 年。发明于几千年前的文字，将人类的文明史也限制在了几千年以内。

　　当地球上气候变暖，适宜人类居住和农业发展之时，文明兴起，人口繁衍。因此，人类世界最早期诞生的文明，多是农耕文明。中国、印度、埃及和两河流域产生的文明，都是农耕文明的典型代表。农耕文明基于"守望田园"之宗旨，因而其本质是顺天应命、封闭保守。

文明第一丰碑

　　在四大古代（农耕）文明的基础上，古希腊孕育出了一个不大的但却罕见的、至今唯一的海洋文明，它是人类文明的第一座丰碑。拥有这座丰碑，是人类的幸运！

　　地中海一带，以希腊半岛为中心，包括爱琴海、小亚细亚西部以及意大利南部诸岛屿。那一带的气候温和、风景宜人，自由的古希腊人在这儿生活、繁衍、聚集。然而，多山少地的环境，崎岖不平的地势，将地面阻隔成一块块小平原，使得农业不发达，一个个城邦林立。古希腊人生下来就与海洋打交道，面对浩瀚的大海，自然而然想入非非，构建出许多美丽的神话故事；航海之人勇于开拓善于求索，形成了自由民主的民族性格。之后，为了发展经济维持生存，纾解人口增加带来的压力，随着海洋远航手段的进步，古希腊人开着航船四处漂流游荡，开始了航海征途，并且以平等交换进行海外商业和贸易。商业贸易的自由发展，又进一步促使平等观念的形成和民主政治的建立，致使海洋文明得以诞生于这个开放的文明古国，之后又扩张到西方世界[1]。

海洋文化的扩张不同于殖民主义和帝国主义的占领式扩张，而是一种温和的思想扩张。此外，加之与周边各种文明（包括埃及、两河，甚至于远方的印度和中国）的相互交流和渗透，古希腊在政治经济及思想艺术等方面都产生了系统的成果，最后孕育出了辉煌灿烂的西方文明。

综上所述，2700多年前的古希腊，只有寡民小国，没有大国伟民，这些小国家人口不过几十万，由奴隶、奴隶主及其他自由公民组成。尽管是2000多年前，但在它的公民社会里，政治平等、思想自由、人们和谐。国家制度则是一种直接民主制，认为所有政策的制定，都应该由全体公民直接投票来决定。

人类最宝贵的财富——科学，便孕育于这种自由和谐的海洋文明中，它发源于古希腊的米利都。那儿出了一位奇人，人称"人类的第一位哲学家及科学家"：泰勒斯（前624~前547）[1]。

科学第一处

米利都位于爱琴海的东边，小亚细亚以南，是当时古希腊较大的12个城邦之一。

当年伊奥尼亚（指今天土耳其西南海岸地区）的这个城邦名义上属于波斯统治，但米利都实际上具有很大的独立性。米利都的大多数居民，是在公元前1500年左右，从克里特岛迁来的移民。克里特岛在米利都的西南方，位处古埃及文明和巴比伦文明的辐射范围以内。

科学第一人

泰勒斯的父母原是地中海东南方向善于航海和经商的腓尼基人，也算是奴隶主或贵族阶级。因此，泰勒斯从小受到良好的教育，且早年随父母经商，曾游历埃及、巴比伦、美索不达米亚平原等地。泰勒斯兴趣广泛，涉及数学、天文观测、土地丈量等各个领域，游历过程中学习到很多知识。

泰勒斯奇怪行径之一：只顾仰望天空，却看不清脚下的土地！一个秋日的夜晚，泰勒斯走路时不小心掉进了一个离地两三米、有水的深坑，自己上不来，只好大呼救命。不过，被人救起之后，泰勒斯也不惊慌失措，却对救他的人说了一句话："明天要下雨！"

救他之人感到莫名其妙，直到第二天果然阴云密布天降大雨，那人才反应过来昨天救的是一位神奇的预言家！

泰勒斯奇怪行径之二：通过观测天象，他不仅预言天气，还能预言日食，甚至预言农作物的收成。他是第一个研究天文学的人，第一个成功地预言并确定了冬至和夏至的人。

他曾经预言有一年雅典的橄榄会丰收，并乘机购买了米利都所有的橄榄榨油机，抬高价格垄断了榨油行业，于是大赚了一笔，他以此证明自己如果把心思放在经商上，是有潜力成为一个精明的商人的。

据说泰勒斯利用他学到的天文知识，预测到了公元前585年的一次日食。这点可见于古希腊历史学家希罗多德在其史学名著《历史》中之记述：

> 米利都人泰勒斯曾向伊奥尼亚人预言了这个事件，他向他
> 们预言在哪一年会有这样的事件发生，而实际上这话应验了。

后人据此考证泰勒斯所预言的那次日食，是公元前585年5月28日，吕底亚人和美地亚人之战第六年的一次会战中发生的日食。

一般认为，即使泰勒斯预言了这次日食，也是基于巴比伦一个世纪的观察所总结的规律。巴比伦人那时候已经发现了日食按照"233个朔望月的周期"重复出现，泰勒斯据此而推断出了那年的日食，但不可能有准确的月、日和可见地区。

科学第一测

据说泰勒斯是第一个测量出金字塔高度的人。

约公元前 600 年，泰勒斯从希腊来到了埃及。他特别注意观察金字塔，发现金字塔底部是一个正方形，四个侧面看起来都是等腰三角形。但人们无法证明这一点，因为金字塔太高，谁敢爬上去进行测量呢？那么，金字塔的高度可以利用几何知识，再通过测量加计算，估计出来吗？

这对于现在中学生中喜欢数学的人是个轻而易举的问题，但别忘了，泰勒斯是古希腊人，身处的年代距离现在有 2600 多年，那时欧几里得还没有出生。人们的几何知识很少。不过据说，泰勒斯已经到过很多东方国家，学习了各国的数学和天文知识。到埃及后，他又学会了土地丈量的方法和规则。

最后，泰勒斯根据金字塔在阳光下的影子以及自己的影子，用相似三角形的概念，在一定的时刻，通过测量自己的影子而估算出了金字塔的高度！

对此的传说很多，泰勒斯是否真是测量金字塔高度之第一人？难以考证。不过，科学从物理开始，物理从本体论开始，泰勒斯当年索求万物之本，确实是有所记载。

科学第一问

最早的人类，将所见所闻的现象，诉诸众神，诉诸上苍。直到泰勒斯的米利都学派才首开先河，他们将自然界发生的一切，诉诸理性思维，诉诸自然本身。泰勒斯认为，世间的万事万物都是可以被人们观察后所理解的，不需要用宗教和神话来解释。

泰勒斯提出了科学第一问：世界是如何构成的？什么是万物之本原？

最简单的假设是认为万物都由同"一"种物质构成，即宇宙万物来自"一个"共同的本原。泰勒斯首先宣称，这个共同的"原质"是水，这也就是西方科学和哲学中"本体论"的最早雏形。如今听起来似乎显得幼稚好笑，但即使是现在，如果让一个没有受过教育的人从他所见物质中挑选一样作为"本原"的话，"水"也算是一个合理的选择。泰勒斯认为，万物都需要水，水是自然世界中最重要的东西，特别是生命所不可或缺的。水无处不在，被加热后能变成捉摸不定的"气"，冷凝后形成固态的冰。因此，泰勒斯想，水是最初的、最基本的东西。事物产生于水，复归于水：蒸发能为气，冷冻可变冰，水生万物，组成了大千世界。泰勒斯还有一个观点是"万物有灵"，他认为整个宇宙都是有生命的，万物皆有灵魂，灵性造成了这个世界千变万化、生机盎然。

泰勒斯"万物始于水"的理论，是基于经验观察又超越了经验观察而得到的理性推论和假设，这正是现代科学经常使用的方法。泰勒斯还建立了"科学第一学派"，他的学子学孙发扬光大他的方法，却又不满意老师对世界本原的诠释，互不相让，各执一词。

泰勒斯的学生阿那克西曼德说，万物怎么能归于一种"水"呢？水这种物质的形象太具体了！还不如想象出一种我们无法体验到的某种"无穷"又"无定"的基本"原料"吧，世界由这种抽象的基本原料构成，不需要取材于人们常见的自然物。阿那克西曼德不仅善于抽象，而且表现出的科学预见能力令人惊讶，例如，他提出了循环往复的宇宙论学说，与两千多年后现代宇宙学中某些模型颇为相似。他思考生命起源，认为生命从湿气元素中产生，人和其他动物最初都是鱼，后来才离开水，来到陆地上，最后适应了干燥的新环境，这听起来与现代生物进化论有异曲同工之妙。

阿那克西曼德将泰勒斯的万物源于"水"改造成万物源于"无形"，不料，自己的学生阿那克西美尼也是一个叛逆者。阿那克西美尼宣称万物源于"气"，他还通过稀释和凝聚的过程来解释他的观点。"气"如何形成了万物呢：气凝聚在一起组成水，水再进一步凝聚构成土，土再凝聚则成为石头，等等。反之，当气变得稀薄时，它成为火，而气的运动便形成了风。所以，万物皆由"气"组成，"气"量的多寡形成不同的物体，就如我们现在经常说的"量变产生了质变"。此外，阿那克西美尼观察到：生命需要呼吸，呼吸时进出的物质就是气。气可以通过空间无限扩展，包围和维持着一切，整个世界和宇宙，都可以被看作是能呼出和吸收"气"的有机体。因此，气才是构成世界的最基本元素。

实际上，当我们现在回顾古希腊科学家们各种假说时，并不在乎这万物之源是"水""火""气"，还是别的什么"无形""数"之类的东西，因为它们全都是错误的！其中，德谟克利特提出的原子论与现代物理的思想最为接近，但当年的原子也完全不同于我们所说的"原子"。不过，我们从梳理本体论的这段历史，已经能够足以体会到这几位2600多年前的先驱们具有的科学精神。

就像罗素指出的："米利都学派的重要性不在于它的成就，而在于它所尝试的东西。"

　　有人将老子的"天下万物生于有，有生于无"及"道生一，一生二，二生三，三生万物"的命题，也解释为本体论。认为老子首先把万物的起源归结于"无"这种本原，然后，老子又把"道"看成是一个超越性的构成无限之本体。但是"道"似乎又指规律："人法地，地法天，天法道，道法自然。"所谓"法"，即遵循；也就是说天地万物、世内世外，都遵循"道"，而"道"是遵循自然的。

　　表面上看，老子的"道"论，似乎超越了把某种具体物质形态当作世界万物基质的想法，貌似高明，很了不起。因此，有人认为他开创了中国古代本体论思想的先河，从此，"道"成为了一个最高的哲学范畴。但事实上，老子的理论是自相矛盾的。一方面，老子认为"道"是天下万事万物的根本，先天下而生：道生一，一生二，二生三，三生万物；"万物"就是组成世界的各种各样的东西。另一方面，老子又认为，现实万物的存在，是对"道"这个本体基础不断丧失的结果，因而现实万物是不完满的，不合乎"自然之道"。所以最后，他认为无为而自然，天地万物并不存在一个真正的起点，或"最初的原因"。所以他最终把"最初的原因"归于"无"！这一点和黑格尔的绝对精神有相通之处，与黑格尔哲学体系中用来称谓一切存在的共同本质和根据的那种无限的、客观的、无人身的思想、理性或精神的"绝对理念"完全一样了。黑格尔也正是这样来诠释老子的"道"的："所以'道'就是'原始的理性，产生宇宙，主宰宇宙，就像精神支配身体那样'。"

所以，即使将老子的理论说成是以"道"为核心的本体论，它也是一种唯心主义的抽象，并不具有西方本体论那种对物质世界、对自然规律追本穷源的意义。也因此，老子的思想并没有启动中国古代对客观实际的自然的探索。

现代科学的最基本前提就是假设存在物质世界，存在可感知可探测的观察对象，即以"有"为前提，与老子的一切皆"无"是格格不入的。古希腊的一部分本体论者，认为本原不一定是具体之物，但是，却需要与具体物质密切相关。

几千年来，中国古代哲学的主题从来就不是本体论或认识论，而是热衷于研究治国之术，安邦定国之政治道理。西方古希腊的本体论重于自然世界表象下的真相，而中国古代哲学，即使有如同老子这种被人称为"本体论"的成分，也是侧重于人与人、人与社会的关系，而非自然规律和自然法则的关系。

古希腊人探究天地万物的产生和发展过程，这种问题当年纯属理性思辨，但却天生具有实证科学的性质，因此我们将其划归为自然科学的第一问。而老子之"无"，仅仅是形而上学的哲学问题。哲学一开始与科学为一体，但它毕竟不同于具体科学，现代科学的快速发展，更使两者渐行渐远。

所以，中国古代即使有本体论，也不同于古希腊的本体论。所谓中国古代本体论只能是哲学意义上的，与科学的起源无关，因而不属于本书探讨的范围。

群星灿烂：从米利都到雅典

━━━━━━━━━━━━━━━━

　　古希腊提倡自由思辨，因而学者很多，当时的哲学家，有说地球是圆的，也有说是平的，有说太阳是一团火的，也有说太阳是块石头的，爱说什么就说什么，可谓众说纷纭，因而群星灿烂。虽然那时候的哲学与科学一体不分，但我们从现代科学的脉络往回摸索，仍然可以看出许多与现代科学发源有关的线索。

单元到多元

　　米利都学派后面跟着崇拜"数"的毕达哥拉斯学派，这都属于主张将万物归于唯一一个"本原"的学者们。用"一"代多，以简求繁，是那个时代大多数思想家的共同特点。

　　有一个叫恩培多克勒（前490~前430）的古希腊学者，来自于西西里岛，有一些关于他的传说。在英国近代诗人马修·阿诺德笔下，恩培多克勒被描写为跳进火山口而被烤焦死去的"一个热情的灵魂"。不过，在美国哲学家梯利所著《西方哲学史》中，认为这种说法是"无稽之谈"。

　　恩培多克勒继承了万物形成始因的说法，但他改进了以前的自然科学家将万物本原定为一种元素的本体论，提出"四根说"，即多元本体论。

他认为万物皆由水、土、火、气四者构成，由此他引导出物质可分为更细成分的思想，从而开启了"多元本体论"以及之后的原子论的思路。

恩培多克勒的四大元素不生不灭，不会运动。为了解决如何生成世间万物的问题，恩培多克勒在实物之上，又加进了几项主观而热情的、类似"认识论"的元素，认为我们周围的宇宙是在"爱"与"冲突"的较量之间来回摆动。爱使四大物质相互吸引，形成千奇百怪的事物，而"冲突"做着相反的工作，让那已经形成的事物不断地崩溃、瓦解。

与现代物理思想对应起来，恩培多克勒的"爱"与"冲突"，可以理解为宇宙中各种相互作用中最基本的两种形式：吸引和排斥。

恩培多克勒的这种思想在科学思想发展过程中起到了承前启后的作用，他的元素理论和认识论为后来留基波和德谟克利特（前460~前370）的原子论发展奠定了基础。

原子论的概念与现代科学最为接近。尽管他们所谓的"原子"，完全不同于今日的原子，但在思维方法上有所雷同，使人不能不惊叹古希腊人的智慧。对原子论哲学家而言，物质已经不复具有如米利都学派时那么崇高的地位。德谟克利特说，每个原子都是不可渗透、不可分割的，原子所做的唯一事情就是运动和互相冲撞，以及有时候结合在一起。在他们看来，灵魂是由原子组成的，思想也是一种物理的过程。原子论者令人惊奇地想出了这种当年没有任何经验观察为基础的"纯粹"假说。

古希腊哲人不仅仅研究本原问题，也开始探索世界随时间变化的规律，这是科学研究的重要元素。恩培多克勒的"爱憎"，原子论者提出原子间的"互相冲撞"，都是为了解释运动和变化的问题。

运动和静止

赫拉克利特（前540~前480）为代表的爱非斯学派，认为万物都在变化，"一切皆流"。赫拉克利特生性忧郁，以喜欢哭著称。他是一个出身高贵的异类，有机会做高官，继承王位，但他一生大多数时候却都处于隐居状态，没有朋友，不近女人。因此，当时的希腊人将他视为一个"珍稀动物"。赫拉克利特最早将"逻各斯"这个名词引入哲学，用以说明万物变化的规律性。此外，赫拉克利特还是第一个提出认识论问题的哲学家。

很多人都知道著名的芝诺悖论，其中包括"阿基里斯和乌龟""飞矢不动"等。芝诺是认为万物本原永恒静止的埃利亚学派代表人物巴门尼德的学生。巴门尼德认为，世间的一切变化都是幻象，因此人不可凭感官来认识真实。整个宇宙只有一个永恒不变、不可分割东西，他称之为"一"。芝诺为了捍卫老师的哲学观点，才提出了那几个奇怪的悖论，他企图用逻辑来证明：宇宙中没有事物是变化的，只有静止不动。

转移到雅典

阿那克萨戈拉（前500~前428）不是很知名，但作为古希腊哲学家，他有相当的历史重要性。一是因为他通过当年雅典黄金时期的领导人伯里克利，将米利都及伊奥尼亚一带的学术思想介绍给雅典并传承下来，催生了后来的苏格拉底、柏拉图、亚里士多德等知名思想家，同时也将希腊的学术中心移向了雅典，伯里克利时代是雅典历史上最光荣最辉煌的时代。阿那克萨戈拉的活动，有利于伯里克利重建雅典，扶植文化艺术。至今现存的很多古希腊建筑都是在雅典那个时代所建，为古希腊留下了许多宝贵的文化遗产。

二是阿那克萨戈拉本人，实际上是一位科学家。他继承了伊奥尼亚人的科学与理性主义传统，提出不少接近现代科学的想法，在科学史上不能不称之为"传奇"。例如，阿那克萨戈拉认为万物都可以无限地分割，哪怕是最小的一点物质也都包含着各种元素。事物所表现的，就是它们所包含得最多的那种元素。如万物都包含一些火，但只有"火"为优势的时候，才真正称之为火。他反对"虚空"，认为一无所有的地方也还是有空气的。他认为心也是参与生活体组成的实质，心都是一样的，动物心和人心一样地善良。此外，心有支配一切有生命的事物的力量，它是无限的，是自己支配自己的，是一切运动的根源。

公元前5世纪至公元前4世纪，希腊学者的哲学兴趣由自然转入了社会和伦理，也把蒙昧主义的偏见带进了希腊哲学。但阿那克萨戈拉却很少想到伦理或宗教，他似乎是一个无神论者，面对世界，他处处都做出机械的解释，想到用"离心力"来解释宇宙中天体的循环运动。他反对以必然与偶然作为事物的起源，他的宇宙论里也没有所谓的"天意"。

阿那克萨戈拉在科学方面的成就还有，他是第一个解释月亮是由于反射而发光的人，他提出了月食的正确理论，认为月亮上有山，并且有居民。还有，认为世界万物只有"结合与分解"，并无所谓"生成和消灭"。

阿那克萨戈拉还有一项值得一提的科学活动：他通过对动物进行解

剖，从而对大脑结构有了一定的认识，并发现鱼用鳃呼吸的事实。

雅典的希腊三贤

雅典有著名的希腊三贤：苏格拉底、柏拉图、亚里士多德。

苏格拉底（前469~前399）最传奇的故事，是有关他的"活法"和"死法"！

因为苏格拉底自己没有留下著作，人们大多从他的学生柏拉图和色诺芬的著作中了解他，其中鱼龙混杂真假难辨，使得苏格拉底不像历史上的思想家，更像是一个传说中的人物。

据说苏格拉底奇丑无比，他的形象被描述成：一个扁鼻子加一个大肚子，打赤脚穿破衣，不顾寒暑不知饥渴，经常四处乱走。有人还曾经看见苏格拉底站在某处，一动不动地想问题，一想就是好多个小时，从清晨到下午，或者是一整夜。据说他驾驭肉体情欲的毅力惊人，是一位在爱情上坚持"柏拉图式"的圣者。苏格拉底最终时刻对于死的淡漠，也是这种精神驾驭力的证明。

公元前399年，70岁高龄的苏格拉底以不敬神以及腐蚀雅典青年之罪名被赐喝毒酒而死。据说苏格拉底有好几次机会避免这个死刑判决，但他拒绝了。并且在最后面对死亡时，苏格拉底非常平静，一如既往地和众多弟子进行哲学讨论，讨论的主题是"死亡是什么"和"死亡之后如何"的问题。有研究哲学史的人认为，苏格拉底被处死的原因，不是指控他的那几条"罪状"，也不是他的某些具体"言论"，而是某些政治因素，因为他是民主政治的敌人。早期希腊的"自由"，还远不是后来人类所言的主观"自由意志"。一个值得我们深思的问题：苏格拉底真的是企图以其选择死亡来表白他的哲学主张吗？

无论如何，苏格拉底的主要关注点是伦理方面而不是科学方面，因此他也不是我们的重点。

苏格拉底死后，他的学生柏拉图（前427~前347）继承了他的哲学辩证思想，将各哲学流派熔铸在一起。柏拉图崇尚理性，重视数学，推崇几何，用数学来研究天文学和宇宙学，但不重视实践和实证。比较而言，希腊三贤中的亚里士多德（前384~前322）对教育及科学起到了最大的衔接作用，他的名言"吾爱吾师，吾更爱真理"，是这位哲学家"既重师承又敢创新"的思想的最真实写照。

亚里士多德对经验世界和自然世界非常重视，对科学实践颇感兴趣，他本人就是个难得一见的博学家。他最先将逻辑作为方法表述出来，使逻辑正式成为一门学科。他是使科学从哲学分离脱胎出来的第一人，学术领域包括了物理学、逻辑学、经济学、生物学等方面的内容，在古代到中世纪的科学史中起着巨大作用，影响力一直延续到文艺复兴时期。

亚里士多德认为，人类的知识结构首先可以被分为三大类：理论、实践和创制。理论科学指单纯地探索知识的学科，实践科学指导人的行为，创制科学指制作出产品的学科，包括工程、建筑等。我们现在所谓的"科学"，应该属于"理论"这一大类中，但与另外两类有密切的关系。在三大结构类别的基础上，亚里士多德命名了多门学科，并以科学的方法阐明了各学科的对象、简史和基本概念。

亚里士多德不愧是御医的后代，他对生物学和医学都颇有研究。他的生物学著作有《动物志》《动物的繁殖》《论动物的结构》等，人们尊称他为生物学的鼻祖。他率先按照生物本身的特性，来研究丰富多样的大自然，在动物的分类、胚胎发育和解剖等方面，都有一定的贡献。亚里士多德探索灵魂与肉体的关系，认为两者是统一的，不可分离的，他的《论灵魂》是历史上第一部论述各种心理现象的著作。

在《形而上学》一书中，亚里士多德建立了极限、无穷数等相关概念。虽然只是浅尝辄止，并无深究，但事实上，正是柏拉图的数学理念及亚里士多德的实践精神，后来成为西方科学诞生的两个基础。

亚里士多德研究了物理学许多方面，并著有《物理学》一书。

公元前343年，亚里士多德接受了马其顿王的邀请，成为后来号称"马其顿雄狮"的亚历山大大帝的老师。当时的亚里士多德42岁，亚历山大13岁。师生俩的友谊维持多年，直到亚历山大33岁暴病英年早逝。亚历山大在成为马其顿国王之后开始东征，征服波斯，进攻印度，所向披靡，战无不胜，使帝国的领土从爱琴海几乎快要伸展到了喜马拉雅山。大帝暴病而亡后，其好友和追随者托勒密在埃及称王，建立了颇有希腊化风格的托勒密王朝，并资助建立了亚历山大博物馆。

亚历山大博物馆的建立，真正使科学从希腊本土，向希腊以外转移。许多科学家都在亚历山大博物馆从事过科学研究。例如，以《几何原本》闻名于世的欧几里得，曾在亚历山大博物馆长期从事教学、研究工作，建立了与科学发展密切相关的几何公理化逻辑体系；还有下一节将介绍的著名物理学家阿基米德，等等。

阿基米德：浴缸里发现浮力

历史上的名人们，大凡生死都带点传奇性，有的生得传奇，有的死得传奇。生得传奇的多，因为难以考证，任人胡编乱造。比如，据说三国时的英雄人物吕布，在诞生之前，其母梦见有一猛虎扑身而来；中国历史上的皇帝，出生时往往都天有异象，人们便认为是上苍传来的某种征兆；在西方，犹太少女玛利亚未婚怀孕，将耶稣降生在马厩中的故事当然就更为神奇了……

诸如此类的故事，无人去追究，因为名人之父母早已去世了，谁能证明其出生时候传奇的真假呢？不过，名人们传奇之死的故事，就难以杜撰了，因为有历史记载可以考证。

死得传奇的人，在科学史（哲学史）上也不算少，最早的有上一节介绍的苏格拉底，之后又有本节要介绍的阿基米德（前287~前212）。

学者之死

公元前212年，古罗马军队入侵叙拉古，几个快速奔跑的罗马士兵来到一堵残缺的石墙旁，只见一位老人正在沙地上画着一个几何图形。士兵命令老人离开，"别挡了我们的道！"可老人傲慢地做了个手势说："走开……"此言未完，已经激怒了罗马士兵，其中一人用刀一挥，砍向还在喃喃欲语"别把我的圆弄坏了！"的老人。这就是古代著名科学家阿基米德最后的结局，以及他75岁惨死时留下的最后一句话。

据说当年罗马军队的统帅马塞拉斯，是想保护这位科学家的，于是，他处决了那个士兵，为阿基米德举行了葬礼，并为阿基米德修建了一座陵墓，在墓碑上根据阿基米德生前的遗愿，刻上了"圆柱内切球"这一几何图形。

其实，阿基米德临死情况的版本很多，但大同小异。被罗马士兵刺死，这点基本结论是一致的，至于说了哪句话，是否有葬礼，还有墓碑上刻的几何图形之事，就说不清了，因为最后也没找到阿基米德的墓。

数学家兼物理学家阿基米德诞生于西西里岛的贵族家庭，父亲是天文学家兼数学家。阿基米德11岁时到亚历山大城学习，也曾在亚历山大博物馆进行研究。阿基米德把数学和物理紧紧地结合在一起，并进行实验和应用。

阿基米德被认为是历史上最伟大的数学家之一，同时又是伟大的物理学家。不过，阿基米德除了思考之外，动手能力也极强，因此，他被冠以的头衔很多：哲学家、数学家、物理学家、发明家、工程师、天文学家。

阿基米德距离我们的时代已经有2200多年，但他对数学、物理、天文等的造诣之深，不得不令我们现代人也惊叹万分，特别是前几年才使用现代科技方法恢复重现的阿基米德当年手稿"失落了的羊皮书"，让我们真正见识了这位伟人的超时代智慧。

阿基米德在数学上成就非凡，他利用他发明的"逼近法"，算出球面的面积、球体的体积、椭圆和抛物线等所围成的平面图形的面积，他还研究出螺旋形曲线，即现代称之为"阿基米德螺线"的性质。直到1800多年之后，牛顿和莱布尼茨（1646~1716）才依据类似的极限思想，发展成了近代的"微积分"概念。

"我发现了！"

物理上，阿基米德发现浮力定律的故事被广为流传。据说阿基米德为了帮助叙拉古的国王戳穿金匠掺假造皇冠一事，得想办法测量出形状复杂的皇冠的体积，但又不能将美丽的皇冠毁坏了来鉴定。为此阿基米德绞尽了脑汁未得其法。后来有一天，当阿基米德正浸泡在浴盆里洗澡的时候，看见盆中的水面，随着自己身体浸下去而升高，从中突然悟出了问题的答案："如果将皇冠浸入水中的话，盆中水的体积的增加便应该等于浸在其中的皇冠的体积。"这时，激动无比的阿基米德从浴盆中跳了出来，光着身体就跑了出去，还边跑边喊"尤里卡！尤里卡！"，尤里卡是希腊语，意思是"我发现了"。阿基米德当时所发现的，便是我们现在熟知的"阿基米德浮力定律"。

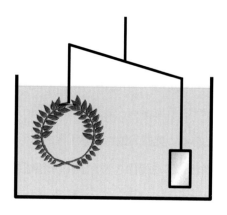

图 3—1：阿基米德称皇冠（图像来自维基百科）

后来，阿基米德便将与皇冠相同重量的一块纯金放进水中，测量出它排出的水的多少，与皇冠排出的水量相比较，果然发现两个数值不一样，金匠在制造过程中掺进了白银的成分。聪明的阿基米德拆穿了狡猾金匠的诡计，得到国王的赏识，因而被表彰为希腊最聪明的人！

上面的故事颇带传奇色彩，但是，阿基米德著有《论浮体》一书，却是千真万确的事实。这是古代第一部流体静力学的著作。书中讨论了10 个流体静力学相关的命题，包括著名的、和他解决王冠问题之传说联系起来的"阿基米德原理"。

杠杆原理

阿基米德还有一句脍炙人口的名言："给我一个支点，我可以撬动整个地球！"诸位一听就都知道，这指的是初中物理中就学过的、日常生活中也常应用的"杠杆原理"。

阿基米德撬动地球的雄心壮志在现实中是无意义的，因为太空中没有重力。姑且不谈他那时尚不了解万有引力的本质这点，即使他的话从理论上行得通，也没有如此长的杠杆给他用，宇宙中也找不到可供他撬地球的支点啊，所以只能付之一笑。杠杆原理并不是阿基米德首次发现的，据说在亚里士多德追随者的著作中有更早的关于杠杆的描述，但阿基米德对杠杆有两本相关著作《杠杆论》和《方法论》。据说《杠杆论》已经失传，《方法论》后来重见天日。在阿基米德另一本著作《平面图形的平衡和重心》中，阿基米德首先给出了有关杠杆平衡的若干公设，然后详细地论证了杠杆原理及其他力学原理。并通过杠杆原理再计算球和锥体的体积、重心位置等。值得一提的是，这本书的写作风格使用了欧几里得的公理化语言。一开篇就提出力学的几个公设，然后进行一步一步严格的证明。这也再一次说明了古希腊人发明的形式逻辑体系对科学发源的重要性。

罗马时代的希腊作家普鲁塔克曾描述过阿基米德利用杠杆原理设计滑轮机构之事，它使水手们能提起因为过重而无法搬运的物品。

羊皮书的故事

阿基米德对数学做出了杰出的贡献，特别是对后来历史上公认的、由牛顿和莱布尼茨创立的微积分思想，据说阿基米德的著作也起了关键的作用。这就要谈到二十几年前报道的有关"阿基米德羊皮书"的传奇经历[2]。

菲利克斯·欧叶斯是纽约佳士得拍卖行的书籍与手稿总监。1998 年 10 月 29 日星期四，对他来说是颇为不寻常的一天。那天他拍卖了不少名著：居里夫人的博士论文；达尔文《物种起源》的第一版；爱因斯坦 1905 年发表的《狭义相对论》的复印本；罗巴切夫斯基首次发表的非欧几何著作《几何原理》的第一版，等等。不过，最令他得意和激动的，是一本看起来非常破旧的小开本古代羊皮书，这本书不是印刷品，是手写的稿件，此物其貌不扬，品相极差，磨损不堪，布满烧焦、水渍、发霉的痕迹，但拍卖的起价却超高——80 万美元，因为它抄写的是 2000 多年前古希腊学者阿基米德的著作。

这本又破又旧的小书虽然起价甚高，但据说希腊政府立志要购回国宝，派出了官方代表参加竞拍，所以很快就将拍卖价推过了 100 万大关。之后，欧叶斯吃惊地发现，希腊政府碰到了非常强劲的对手：一个来自美国，不愿透露身份姓名的神秘买家，看来对此"宝物"是情有独钟、志在必得，他不停地加价，逼得希腊政府无能为力，只好放弃。最后，匿名富商用 200 万美元拍得了这本"阿基米德羊皮书"。

其实，这并不是阿基米德著作的原本，阿基米德在公元前 3 世纪亲手写的著作早已失传，这本羊皮书是 10 世纪时，一名文士从阿基米德原来的希腊文手卷抄录到羊皮纸上的。文士抄写后，"羊皮书"留在古修道院的书架上无人问津。没想又过了两百年左右，12 世纪，一名僧侣竟然翻出了这本修道院收藏的抄写稿，加以"废物利用"。他一页一页地洗去上面记载了阿基米德文字的墨水，然后，写上了他自己所钟爱的祈祷文。羊皮纸在当时十分昂贵，这种洗去原文重新利用的方法并不罕见，因此，那个僧侣看到这本厚厚的、有 174 页的羊皮书一定分外高兴，心想洗干净之后足够我抄写好多篇经文了。况且，阿基米德的著作恐怕当时并不为这个虔诚的僧侣所知晓，所以才干出这种傻事。不过，幸运的是，这名僧侣没有能够完全洗尽遗稿上的墨水，羊皮上还留下了原稿一些淡淡的字迹。并且，一般来说，即便写字的墨水被洗去而消失了，仍会保留一些物理的痕迹。之后几百年，这部抄本四处流落、无人知晓，不知道经历了多少次的磨难和风霜。

图 3—2：用"同步辐射"还原价值不菲的阿基米德羊皮书

到了 1906 年，丹麦古典学者约翰·卢兹维·海贝尔，在伊斯坦布尔的一个教堂图书馆里发现了这本很不起眼的中世纪抄写的祈祷书，并且注意到了在祈祷文后面还隐约藏着一些有关数学的模糊文字。于是，好奇的海贝尔借助放大镜转录了他能看清的手稿的三分之二。

可以想象，当海贝尔发现这本羊皮书中隐藏着的散乱数学文字是两千年前阿基米德的著作时，是何等地高兴和惊喜。但圣墓教堂不允许他把重写本带出去，于是，在抄写了几部分之后，他让当地的一名摄影师给其余书页拍了照，他用小纸片在这些页做了标记。

后来，"羊皮书"又不知去向。据说可能被一名无耻的修道士倒卖了，最终流传到巴黎一位公务员和艺术迷马里·路易·希赫克斯的手中。70年代初，希赫克斯的后人开始寻找买主，直到1998年，羊皮书现身纽约交易市场，以200万美元的价格卖给了那位神秘的美国人。

这位美国人买下了羊皮书之后，把它借给了美国马里兰州巴尔的摩市的沃特斯艺术博物馆，以供研究，由该馆珍稀古籍手稿保管专家阿比盖尔·库恩特负责保护和破译工作。库恩特用从手术室借来的精密医疗仪器，在显微镜下小心翼翼地拆除羊皮书的装帧，清除上面的蜡迹、霉菌。然后，同约翰斯·霍普金斯大学的科学家用不同波长拍摄了一系列图像。因为虽然阿基米德的著作和祈祷文都是用同一种墨水写的，但是因为时间相差了200年，因此有各自特殊的痕迹，对一定的波长有不同的反应。

2005年5月的某一天，斯坦福同步辐射实验室的科学家乌韦·伯格曼在读一本杂志时，得知阿基米德羊皮书的抄写墨水中含有铁，他马上意识到完全可以用他们实验室里的同步辐射X光来读取所需数据。同步辐射X光源不同于普通体检时使用的X光，它是一种用同步加速器产生出来的新型强光源，具有许多别的光，包括激光都没有的优越性。

同步辐射是加速器中的相对论性带电粒子在电磁场的作用下沿弯曲轨道行进时所发出的轫致辐射，开始时高能物理学家并不喜欢它，后来才发现这是一种极有用处、亮度极高的光源。同步辐射在医疗领域应用广泛，可辨认病毒细胞、拍摄毛细血管等，传统方法只能分辨几毫米，而同步辐射新光源则能细致到微米。于是，库恩特与伯格曼合作，用这

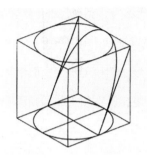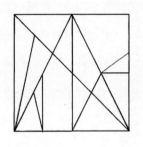

图 3—3：阿基米德羊皮书中的几何图形和十四巧板图

种方法来探测阿基米德原文使用的"墨水"中的铁粒子，终于使羊皮书露出了"阿基米德抄写本"原来的字迹。

物理学家、工程师、古籍研究者的努力使阿基米德的名著重见天日，而羊皮书被复原后的内容则令研究科学史的学者们大吃一惊。没想到早于牛顿一千多年，阿基米德就已经掌握了微积分思想的精髓。羊皮书中的《方法论》和《十四巧板》，是以前阿基米德的著作中从未出现过的。在《方法论》中，阿基米德进行了对"无穷"概念的许多超前研究，他通过分析几何物体的不同切面，成功地计算出物体的面积和体积。例如，他把球体体积看作无穷个圆的相加，成功地计算了这个无穷级数之和而得出了正确的答案。

在另一篇新发现的著作《十四巧板》中，阿基米德描述的是一个古代游戏玩具。"十四巧板"有点类似于中国民间的"七巧板"，因为总共有 14 片所以更为复杂些。但阿基米德著作中的重点不是教小孩子如何用这 14 个小片来拼出各种各样的小猫小狗房屋家具等有趣的实物形象，而是在进行更深刻的数学研究。阿基米德的兴趣是要讨论"总共有多少种方式将十四巧板拼成一个正方形？”。据现代组合数学专家们研究的答案，更得到计算机模拟程序的验证，《十四巧板》中的14块小板总共有17,152种拼法可以得到正方形。并且，这些专家们相信，《十四巧板》这篇文章是"希腊人完全掌握了组合数学这门科学的最早期证据"。

托勒密：眼望星空，认定大地

古希腊的力学发展是同数学、天文学密不可分的。

古希腊天文学

古希腊天文学最耀眼之处就是它的数学特征，当时的天文学家都是杰出的数学家。正因为如此，古希腊天文学不仅仅有天象变化、星球移动的观察记录，还有不少以数学为基础的、设想天体如何运动的理论模型。

第一个尝试对行星运动进行数学解释的人，是柏拉图时代的欧多克索斯（约前390～约前337），他使用一种同心球模型来描述星体的运动。例如，太阳、月亮的运动分别用3个同心球的合成运动来描述。五大行星，金木水火土，则分别用了4个同心球。在数学方面，欧多克索斯证明了圆锥体体积是圆柱体的1/3，比阿基米德还要早很多时间。

稍晚一些的天文学家是阿波罗尼奥斯，他也是几何学家，对圆锥曲线进行了深入的研究。他著有《圆锥曲线论》八卷，其中详细讨论了以不同平面切割圆锥面得到的各种不同类型的圆锥曲线之特征，为1800多年后开普勒、牛顿、哈雷等学者研究行星和彗星轨道提供了宝贵的数学基础资料。

阿波罗尼奥斯在天文学中提出的本轮模型，成为希腊天文学最终的顶峰成果。他最早提出行星运动的"均轮和本轮"模型，之后，该模型被托勒密发表在《天文学大成》一书中，并用以解释当时所知五颗行星的逆行，以及从地球上观察行星显而易见的距离变化等天文现象。在哥白尼之前的天文学家都一直使用这个由阿波罗尼奥斯开创的"托勒密模型"。

古希腊天文学的成就不凡，再举喜帕恰斯（前190~前120）为例。喜帕恰斯被后人誉为"方位天文学之父"，也被认为是数学中的三角函数的始创者，并创立了球面三角学。据说在公元前134年，喜帕恰斯便绘制出了一套包含1025颗恒星的星图，他还发现了岁差现象。

喜帕恰斯按照巴比伦的方法把天文仪器圆周分为360度，并且创造出一种方法测量地球上各点的经纬度，从而确定地球上各点的位置。喜帕恰斯还测量出地球绕日一周的时间为365.25−1/300天，与现代天文学公认的数值只差14分钟！他质疑亚里士多德有关星星不生不灭的理论，他测量月地距离，结果是260,000公里。他测量一个月为29.53058天（精确值：29.53059天），并且规定了"星等"的概念，将他能够看见的最亮的恒星归为一等星，最暗淡的归为六等。

不过，喜帕恰斯本人的著作已经佚失，后人对他以及对古希腊天文学成就的了解，大多来自托勒密的《天文学大成》。该书英文名称源于阿拉伯语，意为"伟大的书"。书中提出了恒星和行星的复杂运动路径等。该书是古希腊天文学最重要的信息来源。喜帕恰斯论述三角法的著作也丢失了，因此，数学史家也使用《天文学大成》作为研究古希腊三角法的历史资料。

托勒密的宇宙

托勒密（约100~约170）是数学家、天文学家、地理学家、占星家，公元170年左右于埃及亚历山大港逝世。除了编纂《天文学大成》之外，他著名的成就就是他所提出的"地心说"。地心说模型被伊斯兰和欧洲社会接受长达一千多年，直到中世纪和文艺复兴早期。

地心说模型认为：地球是球形的、固定的，位于宇宙中心。本轮和均轮的概念，是地心体系的基本构成元素，最早是阿波罗尼奥斯和喜帕恰斯提出，但因为都被编进了《天文学大成》中，所以一般将所有功劳统归于托勒密名下。

古希腊人从天象观测中已经知道，天体的运动并非完美的圆形，以他们的几何知识很容易解决这个问题，因为不是圆形的天体运动轨迹可以看成是圆的组合。本轮、均轮的基本模型便是将行星运动首先看成是这两个圆的组合而得到的。

在地心系统的本轮均轮模型中，地球并不在均轮的中心，而是偏向一侧，中心处称为"偏心"，另外在与地球对应的偏心的另一侧，引进了一个"等径点"，或称等分点。将均轮画成这种偏心均轮是为了解决均轮上行星运动不是匀速的问题。相对于等分点而言，行星运动的角速度便成为均匀的。

模型中，每颗行星都有不同的本轮和均轮。如果两个圆圈仍然不足以描述天体的观测数据的话，托勒密（以及使用这个系统的后人）便给这个天体加上更多的圆圈，如此下去，圆圈套圆圈，使得行星的运动模型变得十分复杂，为托勒密理论带来骂名。例如，火星给套上了13个轮子，据说到了13世纪葡萄牙国王阿方索十世的时代，每一颗行星都需要40~60个小圆来进行轨道修正！不但方法繁琐，形式也不美观，但是无论如何，它能够推算星体的复杂运动，因此，托勒密的行星运动模型被人类使用了一千多年。

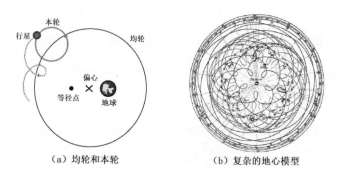

（a）均轮和本轮　　　　　（b）复杂的地心模型

图4—1：托勒密体系（图像来自维基百科）

实际上，托勒密系统的复杂性，并非完全来自于使用了"地球为中心"的原因，本轮之所以有存在的必要，是因为使用了理想的"圆"作为行星的轨道。而事实是，行星轨道是椭圆，太阳位于椭圆之一个焦点上。即使是一千多年后，哥白尼将众星环绕的中心移至太阳，一开始也困惑于这个复杂机制。

希波克拉底和扁鹊：古代医生

中国古时候最有名的医生是春秋战国时期的扁鹊（前 407~ 前 310），最早有记录的古希腊医生是希波克拉底（前 460~ 前 370）。两人的年代相差不多，前者是中医的老祖宗，后者被称为西方医学之父[3]。

追溯自然科学史（主要是物理学史）[4, 5, 6]，是源于古希腊。除了对周围世界本原的探索之外，人类好奇心的另一方面便体现在对人体自身的研究中，也就是发展成为现代医学及生物学的那些知识范畴。古希腊时代还谈不上很多生物学，但好医生还是有几个，希波克拉底为其中之一。

生物研究始于医学，医学始于人体解剖。在希波克拉底之前，已经有零星的人体解剖记载。不过古希腊人和古代中国人都尊重死者，解剖进行实验有道德观念方面的障碍，大多数医生只能用动物解剖的经验，来对照和猜测人体结构，然后，人体结构的模型再被难得的少量人体解剖实践所证实。

和物理学情况有某种类似，古希腊时代最好的医生同时也是哲学家。中国的扁鹊被人们认为是"神医"，而古希腊的希波克拉底，不但是医生，也是自然科学家、思想家、哲学家。在医学和科学都很不发达的公元前 5 世纪，他却能将医学从巫术和哲学中分离出来，将医学发展成了一门专业学科，赋予了医学独立的地位。医学界有一个著名的希波克拉底誓言，不见得是希波克拉底本人写的，但却是以他命名的，足可见人们对他的尊重。誓言中的一些行医原则，诸如"不损害病人""禁止与病人发生婚外性行为"等，在两千多年后的今天来看，仍然是符合道德的正确的医学伦理观念，值得现代医界人士借鉴和反思。

希波克拉底继承古希腊哲学家的传统，思考有哪些因素构成了世界万物。特别针对人体，他提出了"四体液论"，并用来解释病因和治疗疾病。体液论认为人体中有四种体液，而疾病是由于身体中的某种体液的失衡引起的。从现代医学的观点，这个理论当然是错误的，但在当时条件下提出来确实不容易，表现人类理性试图找到世界统一根据的努力，是经验医学与理性思辨完美结合所形成的理论，后经盖伦的继承与发展，统治了西方医学一千多年，不仅对医学的发展，对哲学、心理学等方面，都有着重要的影响。希波克拉底对医学本体论、认识论、方法论、医学实践、临床认识等诸多问题，都有原创性的贡献。

春秋战国时期的中国，思想比较自由，也出了不少名医。例如秦国的医缓与医和，曾经分别被派往晋国，为晋景公、晋文公治病。齐国有名医长桑和他的徒弟扁鹊。下面我们以扁鹊为例作一简单介绍。

扁鹊出生于希波克拉底之后约60年左右。当年的扁鹊，有两件事令今人津津乐道：一是扁鹊三兄弟都是医生；二是扁鹊能起死回生的几件逸事。

行医的兄弟三人中，扁鹊名气最大。魏文侯有一次问扁鹊："你们家兄弟三人都学医，谁的医术最高呢？"

扁鹊说："大哥医术最高，二哥其次，我最差。"

因为扁鹊兄弟三位医生是这样分工的：大哥检查病症尚未明显出现的来访者，以做到防患于未然；二哥诊断那种最初期的病人，将其用药进行调理，防止小病酿成大病；而扁鹊处理的病人是已经病入膏肓的患者。用现代的语言来说，大哥管的是疾病的预防阶段，二哥是一般的家庭医生，扁鹊则是治疗疑难病症的专科医生。扁鹊对魏文侯的精彩回答，一是出于他的谦虚态度，二是强调预防和保养对身体的重要性。在他看来，医生的早期诊断十分重要，不要等到病人已经奄奄一息了，医生才下虎狼之药，虽然貌似"起死回生"，能浪得虚名，却应该算是最差的医生了。扁鹊认为，要像大哥那样，在一个人的病未起之时，他一望气色便知道了，丝毫不伤害病人的元气，就把病给治好了，那样才算是医术最高明的好医生！

扁鹊学医的传奇、医术之神妙，有很多故事流传至今。据司马迁《史记》记载，扁鹊原来管理一家旅馆，颇得人心，一位名叫长桑的客人（后人把长桑看作扁鹊的老师），在其旅馆投宿十多年，最后教给扁鹊医术，留给扁鹊几本秘方医书后在世间消失了。

于是，扁鹊便有了知人生死的本领，他的眼睛也具有了透视人体的功能，最终成为了济世救人、妙手回春的"神医"。据说他有一次经过虢国，皇宫里传来太子的死讯，扁鹊赶去诊视，发现太子是因为"尸厥"而昏过去了，并非真死。于是，扁鹊施以针灸汤药，使得虢太子苏醒过来，因为此事，扁鹊博得"起死回生"的美名。

和古希腊的希波克拉底有类似之处，扁鹊不仅有医术，也有医学理论。

扁鹊提出了"望闻问切"四诊法，创建了血脉理论、经脉理论，发展针灸，将其与药疗融合而提倡"神诊妙治"。扁鹊医学理论与春秋战国时期的齐文化密切相关，当时的齐国兵力强盛，军事发达，古代兵器朝微型方向发展，便成了针灸器具。而四诊法中的"闻"诊，与五音出自齐国这个事实密不可分。

将扁鹊和希波克拉底在医德方面比较，古希腊有希波克拉底誓言，扁鹊则有"六不治"原则：依仗权势者不治，贪图钱财者不治，暴饮暴食者不治，不早求医者不治，不服药者不治，相信巫术者不治。

这两位医生的学说，分别在东方和西方的医学发展史上，占统治地位多年，对东西方医学的发展，起了重要的作用。

在希波克拉底之后，盖伦继承发扬了其理论。再往后，这颗古希腊医学的种子，与自然科学（天文物理）传播道路类似，经历了中世纪阿拉伯世界的传承等，一直到文艺复兴时期于欧洲重生，继而发展成了现代医学。最终还促进了与医学紧密相关的生物学、生理学、心理学等其他学科的发展进步。

扁鹊之后，中国也陆续出现不少神医，撰写了许多医学著作，例如《黄帝内经》《黄帝外经》等，发展支撑几千年，成为现代的"中医"。与扁鹊、华佗及李时珍并称中国古代四大名医的东汉末年时的张仲景，所著的《伤寒杂病论》，是中国医学上一个划时代的里程碑。《伤寒杂病论》面世不久就散失了，经后人多次收集整理，最后分成《伤寒论》《金匮要略》二书，分别论述外感与内科之杂病的治疗规律。再加上《黄帝内经》，这几部书被中医传承者奉为《圣经》一样的经典，当作取之不尽用之不竭的"宝库",学习研究至今。

本书作者的目的不是追究中西医孰优孰劣,而是通过追踪两方医学从古代到现代发展之足迹和道路,来探究它们的相似点与不同点,从而了解是什么关键因素造成了两种医学发展的不同路径以及不同的结果。显而易见的关键因素之一是医学与其他自然科学的关系。希波克拉底本人就是一个自然科学家和哲学家,他的理论是泰勒斯等人对世界"万物之源"的哲学思考在医学上的体现。因此,希波克拉底的理论很自然地与天文学、物理学等一路同行,以同样或类似的方式在欧洲重生,并在整个过程中相互结合在一起。

由此而得出的另一个重要结论是:科学是作为一个整体而诞生于欧洲的,尽管当年的物理学是带头学科,生物、化学、地质、心理等学科也都有它们各自的里程碑和发展轨迹,但是这些不同领域一定是互相影响互相促进的。历史说明了这一点,当前现代整体科学的发展过程,也更为强烈地证实了这个事实。这也就是为什么以希波克拉底理论为基础的医学,最后能成为世界范围内使用的现代科学之一,而扁鹊之理论只是局限于"中国医学"的原因。

没有整体科学中各个领域的相辅相成,仅仅从传统的中医出发,是不可能诞生现代医学的。无论扁鹊(或华佗)的医术有多么高明,也许他们高出希波克拉底多少倍,也没用。这不是他们能力上的差异所致,而是医学与科学是否能结合起来相辅相成产生的结果。

再由上述结论推而广之,整体科学的诞生也与工业革命、文学艺术等的发展联系在一起。这点在当前全球化整合的过程中尤为重要。

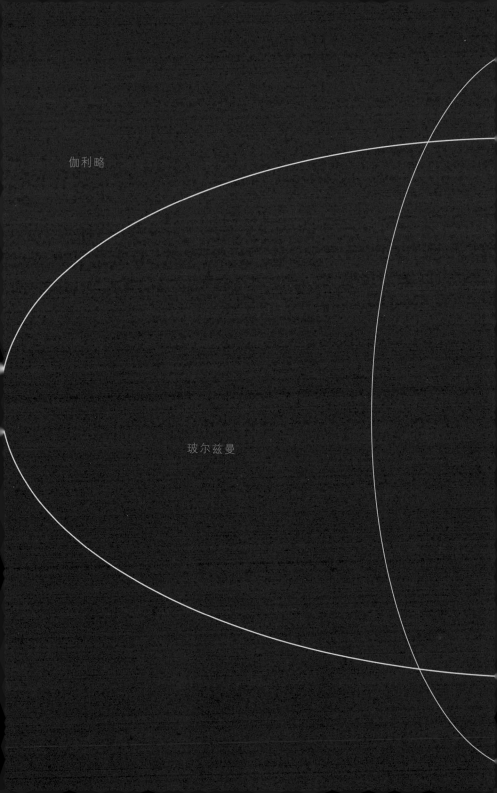

牛顿

第二章

科学之诞生

哥白尼

法拉第和麦克斯韦

在科学诞生发展的过程中，物理学总是先行！因此，科学传奇中，最广为人知、影响最广泛最深远的，莫过于物理的传奇；物理的传奇，又莫过于物理学发展伟大的革命时期的人物和事件。革命催生天才，时势孕育英雄。物理学的发展是整个科学技术发展的基石，它创造了人类物质和精神文明的新时代，因而比任何学科都更具有革命的印记，对人类社会更具有革命性的推动作用。

哥白尼：地球不是宇宙中心

对现代人来说，哥白尼这句话毫无意义：地球当然不是宇宙中心，太阳也不是啊，宇宙根本就没有中心！

不过，在哥白尼那个年代，这句话是很有分量的！哥白尼用了一生的代价才说出了这句话。

催生文艺复兴的科学先驱

以欧洲文艺复兴为标志的 16 世纪，是人类智慧大爆发的时期。物理学也初露峥嵘，它的第一个伟大胜利，是推翻了使用了 1400 多年的托勒密体系，建立了哥白尼体系，即完成了由地心说向日心说的转变。

哥白尼（1473~1543）是波兰人，曾经求学和旅居意大利数年，后来回到波兰直到去世。在公众的心目中，哥白尼是提出日心说的天文学家，但实际上他从大学获得的学位是法学博士学位。他求学时兴趣广泛，既学了法律、宗教等人文学科，也学习医学、经济学等学科，还对数学和天文学十分感兴趣。

哥白尼并非职业天文学家，他一生大部分的时间是当教士和医生。但天文方面的科学成就却是他一生传奇故事中最辉煌壮丽的一篇，这个成就也使他名垂千古！他的科学成就表现了当年人文主义的新思想，又转过来推动了时代的发展。哥白尼的日心说承接了古希腊的科学精神，最终也成就了震撼欧洲的文艺复兴运动。

现象影响天文学

哥白尼钻研托勒密的著作，看出了托勒密的结论和科学方法之间的矛盾之处，认识到天文学的发展道路，不应该继续"修补"托勒密的旧学说，而是要建立宇宙结构的新理论。

哥白尼早在大学读书时，就开始考虑地球的运转的问题。他在后来写成《天体运行论》[7]的序言里说过，前人有权虚构圆轮来解释星空的现象，他也有权尝试发现一种比圆轮更为妥当的方法，来解释天体的运行。

哥白尼观测天体的目的和过去的学者相反，他有一句名言："现象引导天文学家。"他不是强迫宇宙现象去服从现有的"地心说"宇宙理论，而是要让观测到的天文现象来解答他所提出的问题，要让观测到的现象证实一个他新创立的学说——"日心说"。他这种目标明确的观测，最后促成了天文学的彻底变革。

对当代科学，人们经常使用"日新月异"这个成语，但我们比较一下托勒密和哥白尼的年代，把坐标点从地球移到太阳，竟然用了一千多年！

更为传奇的是，哥白尼居然不是第一个提出日心说的人，距离哥白尼时代 1800 年之前，公元前 3 世纪的古希腊哲学家阿里斯塔克斯，才是史上有记载的首位提出日心说的天文学者！阿里斯塔克斯认为地球和其他行星都围绕太阳运转，而不是反过来。科学就是这样的传奇，曾经在这样成百上千年的周期中轮回！怪谁呢，那时候的人类没有望远镜，没有宇宙飞船，怎么可能知道宇宙有没有中心呢？

哥白尼在意大利期间，接触并开始研究阿里斯塔克斯的假说，经过认真的思考和计算，他大约在40岁时开始在朋友中散发一份简短的手稿，初步阐述了他自己有关日心说的看法。最后，哥白尼经过长达两年的进一步观察和计算，终于完成了他的伟大著作《天体运行论》。他通过观察和计算，得到精确度惊人的数值。例如，他得到恒星年的时间为365天6小时9分40秒，比精确值约多30秒，误差只有百万分之一；得到的月亮到地球的平均距离，误差只有万分之五。1533年，60岁的哥白尼在罗马做了一系列的讲演，提出了日心说的要点，但是他出于对教会的恐惧，直到在他临近古稀之年才终于决定将这本著作出版。1543年5月24日，垂危的哥白尼在病榻上收到出版商寄来的《天体运行论》样书，他摸了摸封面，便与世长辞了！

《天体运行论》——现代科学的起点

哥白尼的学说是人类对宇宙认识的革命，它使人们的整个世界观都发生了重大变化。哥白尼的书对伽利略和开普勒的工作是一个不可缺少的序幕。他俩又催生了牛顿力学。是他们的发现才使牛顿有能力确定运动定律和万有引力定律，从而开启了近代物理学，或真正意义上的物理

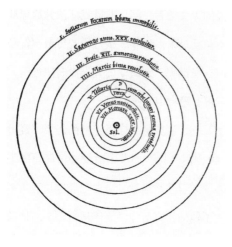

图6—1：哥白尼的日心说

图6—2：钱币上的哥白尼

学。从历史的角度来看，《天体运行论》是当代天文学的起点——当然也可算是现代科学的起点，是人类探求客观真理道路上的里程碑。哥白尼的伟大成就，开创了自然科学向前迈进的新时代。从哥白尼时代起，脱离教会束缚的自然科学开始获得飞跃的发展。

哥白尼将他的著作取名为《天体运行论》。在他看来，运动才是生命的真谛——运动存在于万物之中，上达天空，下至深海。没有什么东西是静止的，一切东西都在生长、变化、消失，千秋万代永续不停。《天体运行论》这一著作，就是要揭示大自然这一最本质的秘密。哥白尼的这一观点，肯定了客观世界的存在和它的规律性，闪耀着朴素的唯物主义哲学的光辉。

哥白尼的理论是基于实际的观测和计算，并非凭空遐想。那时候尚未发明望远镜，哥白尼只能使用一些自制的简陋设备。但他在如此艰苦的条件下，前后进行了有记录可查的、颇为精确的50多次观测，其中包括日食、月食，以及对火星、金星、木星和土星的方位观测，等等。

被牛顿站在肩膀上的一位先贤

哥白尼的"日心说"沉重地打击了早在亚里士多德之前就已开始，也被后来的天主教会接受的宇宙观，这是现代科学淘汰陈旧科学的伟大胜利，使天文学从陈旧科学观和宗教神学的束缚下解放出来，自然科学从此获得了新生，就这点而言，日心说在近代科学的发展史上具有划时代的意义。哥白尼用毕生的精力去研究天文学，为后世留下了宝贵的遗产。虽然由于时代的局限，哥白尼只是把宇宙的中心从地球移到了太阳，并没有放弃宇宙中心论和宇宙有限论。在德国的开普勒总结出行星运动三定律、英国的牛顿发现万有引力定律以后，哥白尼的太阳中心说才获得稳固的科学基础。

17世纪中叶后，自然科学日益进展，哥白尼学说的正确性日渐巩固，内容也有了很大的发展。

然而，按照现代的观念，说日心说是"正确的"，地心说是"错误的"，并不十分恰当。或者说，二者之区别不应该用"正确"与"错误"来概括，它们只是代表了两种不同的观点。一种是把太阳系中种种运动的参照点放到太阳上；另一种是把这些运动的参照点放到地球上。前者的方法胜过后者，是因为太阳质量比地球质量大很多，用日心说描述和计算太阳系中物体的运动，更为简洁和方便而已。

哥白尼之后的另一个天才，德国天文学家和物理学家约翰尼斯·开普勒（1571~1630），发现了行星运动的三大定律：轨道定律、面积定律和周期定律。或可分别描述为：所有行星分别在大小不同的椭圆轨道上运行；在同样的时间里行星向径在轨道平面上所扫过的面积相等；行星公转周期的平方与它同太阳距离的立方成正比。这三大定律最终使开普勒赢得了"天空立法者"的美名。

最后在这方面起决定作用的是牛顿。他用万有引力的原理解释了行星的运行，给地球的绕日公转提供了更有力的证明。1687年，牛顿的《自然哲学的数学原理》的问世，标志着哥白尼体系的最后胜利。

伽利略：现代科学之父

支持哥白尼理论的另一个重要人物是意大利物理学家伽利略·伽利莱（1564~1642）。伽利略也是天文学家和工程师。史蒂芬·霍金认为，伽利略对现代科学诞生的贡献"比其他人都多"，爱因斯坦则称伽利略为"现代科学之父"。

用望远镜探测星空的人

伽利略活到 78 岁，比开普勒早生 8 年，晚去世 12 年，他们算是同时代的人物。

1597 年，开普勒寄给伽利略他的著作《宇宙的奥秘》，伽利略收到后写信给开普勒，说自己也信奉哥白尼学说，但暂时不想公开。开普勒回信呼吁伽利略支持哥白尼："伽利略啊，站出来！"那年伽利略才 33 岁，但他不是呆瓜，他在等待合适的时机时才"站出来"。

哥白尼和开普勒的理论，需要更多天文观测事实的证实。第谷是最优秀的使用肉眼的天文观测家，可惜早在 55 岁时就逝世了。开普勒继承了第谷的观测资料，才总结出了行星运行三大定律。

当荷兰人发明了望远镜，汉斯·利普西于 1608 年提交了望远镜的专利之后，伽利略立刻想到了可以将此技术用于天文观测，并在一个月内将望远镜加以改进，做出了能放大 8~9 倍的望远镜用来观测天体。之后再过了几个月，伽利略又将望远镜改进到能放大 20 倍之多！

伽利略将他的宝贝对准月亮，首次发现了月面的凹凸不平；对准银河，发现它原来是由数目众多的恒星组成；对准行星，看见它们都是如同月亮一样的圆球，而恒星呢，看不出形状，只是一些闪烁的光点。伽利略用观测结果证明了地球和其他行星都在绕着太阳转，地球不是宇宙的中心。例如，他发现木星有四颗卫星，而且证实了它们是绕着木星转的！他将用望远镜观测到的太阳图像投影到屏幕上来仔细分析，并用一种巧妙的方法发现了太阳黑子！

伽利略发现了一些前所未知的天文现象。他观测到崎岖不平的月面后，绘制了第一幅月面图；他发现人眼所见之恒星的数目随着望远镜放大倍数的增大而增加；他发现了金星的盈亏现象；等等。这些发现开辟了天文学的新时代。

聪明的伽利略将他发现的木星的四颗卫星以科西莫大公家族的美第奇四兄弟命名（被后来的天文学家改名为伽利略卫星），以致敬他未来的赞助人。

后来，伽利略得到科西莫大公提供的一份工作，从帕多瓦回到了教会势力强大的佛罗伦萨。所以，伽利略用望远镜观察天体，同时也为自己带来了一份额外的收入和终身教授的职位。伽利略果然不是呆瓜！

无论如何，伽利略的望远镜使人类探索天空的眼界大开，天文学从此走上一条科学的康庄大道，也使当年的伽利略成为如日中天的名人！

可能是因为有了声望和浮名，伽利略有些忘乎所以，他不仅开始公开宣称自己支持日心说，在《关于托勒密与哥白尼两大世界体系的对话》（1632 年）中捍卫哥白尼的观点[8]，还两次去到罗马，向人们鼓吹日心说是"真理"，宣称它与基督教的经文并不冲突。

也许仅仅信奉哥白尼学说还不算触犯权威，但如果鼓吹它是"真理"就非同小可了。因此，不久伽利略就受到了教会的指控，被斥为异端，面临教会的审判。压力之下的伽利略只好表面承认自己的"过错"，所以最后如我们所知道的，据说他在被迫认错之后，一边跺脚一边说出了一句不朽的名言"但是地球的确是在动啊！"。然后，伽利略遭遇了终身监禁。

爱因斯坦的评价

伽利略被爱因斯坦誉为现代科学之父，不仅仅是因为他在天文观测和支持日心说方面的贡献。更为爱因斯坦欣赏的，是他对物理规律的研究。爱因斯坦创建两个相对论的思想渊源之一，便是最初由伽利略提出的相对性原理。爱因斯坦将其推广到包含力学和电磁学的整个经典物理学范围，在广义相对论中又进一步推广到包括引力。

伽利略在地面上进行多项物理实验，研究速度和加速度、重力和自由落体、惯性、弹丸运动原理、单摆等，他在被软禁期间，写了《关于两门新科学的对话》一书，总结了他在当今被称为运动学和材料强度的两门科学上所做的工作。

在那个年代，作为一个虔诚基督徒的伽利略，能够支持日心说，提出相对性原理，进行各种实验，实属不易，这表明了一个科学家求真求实的基本精神。他未能彻底摆脱宗教观念，最后也没能避免被教会审讯，之后被终身软禁的命运。到了1992年，教皇保罗二世对伽利略公开道歉，承认当年教会的判决是错误的，保罗的这点精神令人十分钦佩。

伽利略的科学发现，不仅在物理学史上而且在整个科学史上都占有极其重要的地位。爱因斯坦曾这样评价："伽利略的发现，以及他所用的科学推理方法，是人类思想史上最伟大的成就之一，而且标志着物理学的真正的开端！"

实验物理学之父

伽利略是第一个把实验引进力学的科学家，他利用实验和数学相结合的方法确定了一些重要的力学定律。例如：摆的等时性定律、重力和重心的实质、梁的弯曲、自由落体等。他开辟了物理学作为实验科学的研究方法。他又善于在观测结果的基础上提出假设，运用数学工具进行演绎推理，看是否符合实验或观察结果。

伽利略还亲自设计制造实验和观测需要用的测量仪器。除了望远镜外，还有流体静力秤、比例规、温度计、摆式脉搏计等。

伽利略认为实验是知识的唯一源泉，他将实验方法放在首位，但又深信自然之书是用数学语言写的，只有能归结为数量特征的物理量才是物体的客观性质。伽利略开创了以实验事实为根据并具有严密逻辑体系的近代科学。伽利略的数学与实验相结合的研究方法，基本上也是现代物理的研究方法，即实验——模型——计算——验证。

从伽利略开始，科学实验被放到重要的地位，这标志着近代自然科学的开始。因此，一般认为现代科学起源于古希腊，而诞生于伽利略时代。

动力学的创建

伽利略是历史上最早对动力学做定量研究的人。1589 年，他开始研究物体的自由下落运动。三年中他做了非常细致的观察，从实验和理论上否定了统治两千年的、重物比轻物下落快的亚里士多德落体运动观点。伽利略指出，如忽略空气阻力，重量不同的物体在下落时同时落地，物体下落的速度和它的重量无关。传说落体实验是在比萨斜塔上进行的。

伽利略喜欢去比萨大教堂，注意到那儿从高高的屋顶上悬垂于长绳末端的一盏长明灯。这盏灯轻轻一推便来回摆动，使 17 岁的伽利略产生了兴趣，竟然用自己的脉搏当作计时器件，观察测量出了长明灯摆动的周期。回到家里后，伽利略仍然继续他的"摆动周期"实验，他使用不同长度的绳子，悬挂不同重量的物体，测量出各种情形下的周期，由此他总结出了单摆运动的物理规律！

流传更广的是伽利略在比萨斜塔上进行的"落体"实验。据说经过考证，目前人们认为伽利略并没有真正在斜塔上抛丢过大铁球小铁球之类的物体。但无论如何，人们认为伽利略在较低的高度上，或者是在斜坡上研究过类似的问题，从而得出了落体的运动规律。

伽利略留给后世的著作中，最重要的是他的两部《对话》。一部是1632 年出版的《关于托勒密与哥白尼两大世界体系的对话》，作者假借三位上流人士在四天中对话的形式，解释地心说和日心说。两个机智的贵族，沙格列陀和萨尔维阿蒂，是哥白尼体系的支持者，他们对话"逍遥派哲学家"辛普利邱，使后者最后无话可说。因为《对话》宣传并支持了哥白尼学说，才给伽利略的晚年带来了厄运。

伽利略的另一部《对话》是 1638 年出版的《关于两门新科学的对话》，是伽利略被软禁时期的产物。所谓"两门新科学"，指的是材料强度和运动学。该书同样假借三位人士、四天对话的形式，奠定了运动学的基础，被视为近代物理学的基石之一。书中包含对抛射问题的详细研究；定义了匀速运动和匀加速运动；落体以同样的规律下落，无论重物轻物，下落时都做匀加速运动；书中还有精确测量落体加速度的结果；单摆的规律；对音乐和声音的解释；等等。

伽利略对运动学中的基本概念，例如速度、加速度、重心等都做了详尽研究并给出了严格的数学表达式。他第一次提出了加速度的概念。有了加速度的概念，才能在科学基础之上建立正确的动力学。他提出了惯性定律、伽利略相对性原理、惯性参考系等，为牛顿正式提出运动第一、第二定律奠定了基础。在经典力学的建立上，可以说牛顿站在了伽利略的肩上。

牛顿：站在巨人的肩上

只要提起史上最伟大的物理学家，最通常的反应一定是两个最为光辉夺目的名字：牛顿和爱因斯坦。不错，牛顿是经典物理的奠基人，爱因斯坦是现代物理的开启者。

出生于农家的早产儿

伽利略去世那年的圣诞节，艾萨克·牛顿（1643~1727）在英国一个普通农家出生。"圣诞节"之说是按照传统儒略历来计算的，牛顿的出生日 1 月 4 日正好是儒略历中前一年的 12 月 25 日。

牛顿是个遗腹子，他的父亲在他出生三个月之前就去世了。牛顿出生时十分瘦小，是个早产儿。然而，谁也没有预料到，这个"出生时小得可以装进一夸脱（约 1.14 升）马克杯"的早产儿，后来居然会成为科学界的一代巨匠。

少年时代的牛顿，身体羸弱，学业算是优秀，但也似乎并未表现出现代人眼中的天才或神童的特质。人们眼中的小牛顿，不过是一个自幼丧父、母亲改嫁、资质一般、成绩平平的普通孩子。

中学毕业后，母亲让牛顿在家务农，以便养家糊口，但牛顿志不于此，喜欢读书和钻研数学问题，还不时别出心裁地搞点小发明之类的玩意儿。牛顿对科学的浓厚兴趣被他的一位舅父发现，因而说服他的母亲，没有让他继续干农活。牛顿将要从国王中学毕业时，母亲再次想让他务农，但这一次国王中学的校长说服了牛顿母亲。牛顿在 19 岁时终于考上了著名的剑桥大学三一学院。舅父偶然的建议以及中学校长对母亲的劝告，使牛顿得以进入数学和物理学的广阔天地，从此后如鱼得水，一展宏图。

微积分概念的形成

现在的理科学生很容易理解诸如"速度、加速度、平均速度、瞬时速度"这些名词，然而，在 16、17 世纪时，这些概念却曾经困惑过像伽利略这样的物理大师。因为从定义平均速度到定义瞬时速度，是概念上的一个飞跃。平均速度很容易计算，用时间去除距离就可以了。但是，如果速度和加速度每时每刻都在变化的话，又怎么办呢？

可以相信，开普勒在总结他的行星运动三定律时，也曾经有类似的困惑。他的行星运动第二定律被表述为："行星与太阳的连线在相等的时间内扫过相等的面积。"如今看来，这是一种静态的积分形式的表述，可以跳过极限的概念。

物理学界已经到了需要极限概念、需要微积分的时刻！

开普勒和伽利略去世后，两位大师将他们的成果和困惑都留在了世界上，激励新一代的物理学家和数学家，对相关的数学工具发起了总攻。

那是 1665 年 5 月，正值牛顿将从剑桥大学完成学业毕业，一场蔓延伦敦的瘟疫迫使剑桥大学关门，牛顿只好离开剑桥大学，回到了林肯郡的母亲身边，在乡下的老家居住了一年半。这段时间是牛顿精力旺盛、思绪联翩、最富创造力的黄金岁月。短短的 18 个月，他思考数学问题，进行光学实验，计算星体轨道，探索引力之谜。牛顿生平最重要的几项成就，都在这一年半的时间内初现雏形[9]，这段时间是牛顿生命中的"传奇"时期！

首先，牛顿思考了二项式展开的问题。当时的数学前辈笛卡儿，对牛顿的数学思想影响很大，但在这个二项式展开问题上，牛顿与笛卡儿的想法不一样。笛卡儿认为人的大脑是有限的，不应该去思考这种与无穷有关的复杂问题，可牛顿偏偏迷上了这个由无穷多项求和的复杂概念！这个概念又引导牛顿进一步思考无限细分下去而得到的无穷小量问题。他将这无穷小量称为"极微量"，也就是现在我们所说的"微分"。牛顿用他的无穷小量的方法，对几何图形进行了很多详细的思考和繁复的计算，他曾经将双曲线之下图形的面积，算到 250 个有效数值，正是这种不畏艰难的精神和进行繁复计算的超能力，使牛顿最后发明了微积分，为数学、物理，乃至其他所有的科学技术，开拓了一片崭新的领域！

物理思考

牛顿在这段"非常"时期内，还用三棱镜做了各种光学实验，研究光的颜色问题。此外，他对引力问题的钻研也颇有成效。苹果下落打到牛顿头上而激发他的灵感发现了万有引力，这个人们耳熟能详津津乐道的故事，也就发生于此时此地。

不知道是否真有苹果打中了牛顿的脑袋，但苹果朝下落不往上飞的事实肯定启发了牛顿。为什么是往下掉呢？不仅仅是苹果，周围的一切物体都是只能往下掉。那么，是什么力量使它们下落呢？

牛顿猜想是地球吸引苹果往下掉！那么，又有了下面的问题：如果地球吸引所有的物体，也吸引天上的月亮吗？但是，月亮为什么不掉下来呢？

牛顿想，月亮虽然不掉到地上，但是月亮也没有从地球跑开，而是在地球周围绕圈圈，不停地做圆周运动。荷兰物理学家惠更斯（1629~1695）曾经研究过这个问题，他认为圆周运动也需要"力"来维持，就像孩子们用绳子绑着石头旋转的情形一样，绳子对石头的牵引力维持着石头的圆周运动。因此，地球对月亮的吸引力维持着月亮绕地球的圆周运动。

惠更斯虽然认识到圆周运动需要向心力，但却不知道月亮绕地转动的向心力来自何处。

将苹果下落的力，与月球绕地球转动的力，归纳为同一种力，继而扩展到所有的物体之间都存在这种相互作用力，这是牛顿建立万有引力过程中，思想上的一次大突破、大统一。

一年半过去了，疫情缓解，牛顿带着他数月思考的成果，"满腹经纶"地回到剑桥。他迅速地被授予硕士学位，成为了一名教授。牛顿的才能得到剑桥物理学家伊萨克·巴罗的高度赞赏。为了使牛顿有安定优越的科研环境，巴罗还辞去自己的教授一职，让贤于牛顿（英国传统大学建制，一个学科只能有一名教授），此举在科学史上被传为佳话。

光学

1669 年，牛顿被授予卢卡斯数学教授席位，翌年，他在教授光学的同时，正好延续他几年前在乡村老家进行的光学实验，包括反射、折射、透射等。

通过棱镜实验，牛顿研究光呈现出来的各种颜色的来源，他发现棱镜能将白光发散为彩色光，于是得出白光由各种颜色光组合而成的结论。牛顿试图解释光的物理本质，最后形成了他的"光微粒理论"，认为光是由粒子或微粒组成的，并会因加速通过光密介质而产生折射。

牛顿很早开始研究光学，但直到 30 多年后的 1704 年，他才完成了《光学》一书，详述了光的粒子理论。他认为光是由非常微小的粒子组成的，而普通物质是由较粗的粒子组成。

力学三大定律

牛顿建立了经典力学，其主要内容便是他的运动三大定律，这是他站在前人肩膀上的产物。

笛卡儿第一个认识到力是改变物体运动状态的原因："在没有外加作用时，粒子或做匀速运动，或静止。"伽利略在 1662 年指出："以任何速度运动着的物体，只要除去加速或减速的外因，此速度就可以保持不变。"

牛顿经过自己的思考，把上述两位前辈的假定作为牛顿第一运动定律。

牛顿又将伽利略的思想推广到有力作用的场合，提出了牛顿第二运动定律：$a = F/m$。这儿 F 是外力，m 是惯性质量，a 是加速度。第二定律可表述为："加速度与外力成正比，与惯性成反比。"

如果外力 F 等于0，加速度 a 则为0，那么就回到第一定律："物体（质点）做匀速运动或静止"。正如两位前辈所指出的。

牛顿之前的物理学家对力学已经有了很多理论和实验，例如，伽利略对惯性和加速度，做了大量的研究和描述。然而，是牛顿第一个从这些孤立定律中找出了它们的内在联系，将力、加速度、惯性质量三者之间的关系，统一在一个简单的数学公式中，总结为牛顿第二定律，迈出了将运动学发展为动力学的关键性一步，建立了物体在力的作用下的运动规律。牛顿之所以能跨出这关键的一步，其原因除了他高度的抽象能力之外，他建立的微积分理论给了他强大有力的数学工具，使他能够更为深刻地理解加速度的意义，运用自如地游弋于数学和物理之间。

牛顿第三定律，即作用与反作用定律，是从研究碰撞问题受到启发而提出的。

1664年，牛顿受到对碰撞问题研究较早的笛卡儿的影响，也开始研究碰撞问题。之前，还有惠更斯及其他物理学家也都研究过碰撞。牛顿与其他人不同之处在于：他没有把注意力集中在动量和动量守恒方面，而是集中在物体之间的相互作用上，并因之而得到了牛顿第三运动定律，提出任何力都是成双成对出现的，这两个力总是大小相等、方向相反，称为"作用与反作用"。

牛顿三大定律所描述的是所有物体，在"任何"形式的力的作用下的运动规律。这儿的物体，可以是地面上的沙粒，也可以是宇宙中的天体。大大小小的物体，在力的作用下，都符合同样的运动规律。

万有引力

仍然是起源于那一年躲避瘟疫时，牛顿看见苹果下落脑海中的灵光一现：苹果下落的力，与月球绕地球转动的力，可能为同一种力！

这个念头一直萦绕于心，直到后来牛顿完成了力学三大定律，才再次回到苹果或月亮引力之研究。为了解决上述问题，牛顿开始计算。计算的目的是要比较两个加速度，一个是月亮在绕地轨道上运动的"向心加速度" g_1。另一个是苹果被地球吸引而下落的"重力加速度"，但不是在地面的，而是苹果升到月亮那么高的时候地球吸引它产生的重力加速度 g_2。

先计算第一个：首先须知月亮有多高。那时候人们已经可以根据天文观测估计出来，月地距离大约是 60 个地球半径。此外，牛顿还知道，月球绕地球转动的周期是 27.3 天。根据这些数据，牛顿算出了月亮的速度，然后再算出了向心加速度 g_1。

再算第二个：根据"重力加速度与到地心距离的平方成反比"的假设，重力加速度 g_2 大约等于地面上重力加速度的 $1/60^2$。

将这两个数值一比较，牛顿发现，以上方法算出来的 g_1 和 g_2 结果很接近，这使他兴奋异常，因为加速度是力产生的，两个加速度数值接近说明：地球吸引苹果下落的力，与太阳牵引月亮绕其旋转的力，很可能是同一种力！

这个假设现在看起来不算一回事，但当年不能不承认是一个天才的思想。起码，牛顿之前的伟人也不少，伽利略、笛卡儿、惠更斯等人，没有一个人往这个方向猜想。

牛顿继而将其想法推广到世间万物，建立了万有引力定律。换言之，不仅仅是月亮和地球，行星和太阳，地球和苹果之间，即使是苹果和苹果之间，苹果和人之间，也有万有引力。就是说任何两个有质量的物体之间，都有万有引力！万物相互吸引，其引力大小正比于两者质量之乘积，反比于两者之间距离的平方。

当时还有另外一位颇有名气的英国物理学家，比牛顿大 8 岁的罗伯特·胡克（1635~1703），批评了牛顿的某些观点。牛顿不到 30 岁，仍然年轻气盛，因而对胡克很不满，并退出了辩论会。两人自此以后成为了敌人，这一直持续到胡克去世。

胡克对引力也进行了多年的研究，他后来被科学史学家们公认为是引力平方反比律的发现者。据说胡克和牛顿曾经以通信方式讨论过万有引力，胡克在信中提到他的许多想法，包括平方反比定律，但胡克不擅长数学，不知道如何利用平方反比律来计算轨道。牛顿得益于他创建的强大数学工具微积分，最终解释了开普勒有关行星轨道的结论，建立了万有引力定律。

牛顿在1687年7月5日发表了《自然哲学的数学原理》（简称《原理》），其中提出的运动定律以及万有引力定律，是经典力学的基石。

牛顿有过如此一段名言："将简单的事情考虑复杂，可以发现新领域；把复杂的现象看得简单，可以发现新规律。"这句话描述了牛顿做物理做数学的基本思想方法，前一段说的是科研中的具体过程，后一段则代表了他对物理理论规律追求简约的奥卡姆剃刀原则。牛顿发明微积分是前者，总结建立力学三大定律及万有引力定律则是后者。

牛顿的经典力学理论，解释了天文观测到的数据及现象，如岁差、近日点进动、彗星轨迹、卫星运动、潮汐涨落等，也解释了地面上发生的各种各样现象，如苹果下落、炮弹轨迹、反冲力等，各种疑惑迎刃而解，牛顿也因此而名声大噪。

但牛顿的理论也并不是一出来就一帆风顺得到所有人认可和欢呼的。例如牛顿万有引力定律就遭到法国的笛卡儿和德国的莱布尼茨的反对。他们认为，在几百万英里的空间中起作用的吸引力之规律，是自然界的神秘元素，只能给予理性解释，不能随意假设。

不可否认，经典的牛顿理论对现代科学的发展，有推波助澜的作用力，也有逆向而行的反作用。如牛顿曾经用微粒说来统一光学理论，打压主张波动说的胡克和惠更斯等。后来，牛顿发表了《光学》一书，由于牛顿的权威，这个光微粒的概念统治物理界100多年，直到后来菲涅尔的工作，光的波动说才重见天日。

伟大的科学家多少都有些古怪。牛顿终生未娶，活到84岁高龄去世，据说从未与任何女子有过亲密关系。

牛顿晚年的思想也令人琢磨不透，他将研究目标转向神学，理性思维代之以对上帝的膜拜，对炼金术的寻求取代了少年时代痴迷的科学实验。

牛顿把地球上物体的力学和天体力学统一到一个基本的力学体系中，创立了经典力学理论体系。正确地反映了宏观物体低速运动的宏观运动规律，实现了自然科学的第一次大统一。这是人类对自然界认识的一次飞跃。

1942年爱因斯坦为纪念牛顿诞生300周年而写的文章，对牛顿的一生做如下的评价："只有把他的一生看作为永恒真理而斗争的舞台上一幕才能理解他。"此赞语最恰当不过的了。

纠纷

牛顿成名之后，在某些方面表现得恃才自傲，专横跋扈，与同时代科学家之间，曾发生过多次遭人诟病的纠葛：与胡克争"平方反比律"的所有权，与莱布尼茨争"微积分"的发明权，对胡克的打压更是过分。

牛顿对光学有杰出的贡献，与胡克最早的争论也是起源于光学，牛顿主张光的微粒说，胡克和惠更斯则坚持波动说。本来这只是不同观点的学术之争，但因为胡克早期在皇家学会光学讨论会上对此争论曾经有过一些尖锐言辞，当时就使得牛顿勃然大怒，从此对胡克充满敌意。后来，牛顿利用他显赫的地位，打压得胡克一生都抬不起头，最后变得愤世嫉俗，郁闷而死。

对待竞争对手，牛顿固然有其世故狡猾之处，但对科学探索，他不失其天真好奇追求真理的一面。他双脚踩在前辈们（包括从泰勒斯到伽利略）建立的"自然哲学"的肩膀上，双手却为世人捧出了物理、天文、数学紧密结合的现代科学雏形。他贡献给人类的成就，既有光学方面有关颜色本质研究的若干关键实验，又有综合统一了经典力学理论的宏伟大厦，数学上他还创造了对近代科学至关重要的微积分。上面所述的每一项拿出来，都是如今的所谓"诺贝尔级成果"。

1727 年 3 月 31 日，牛顿逝世，与很多杰出的英国人一样被埋葬在了威斯敏斯特教堂。他的墓碑上镌刻着诗人波普为他写下的墓志铭：Nature and Nature' law lay hid in night; God said, "Let Newton be," and all was light。

> 自然规律藏，天下夜迷茫。
>
> 上帝降牛顿，人间发亮光。

法拉第和麦克斯韦：经典电磁学

从 19 世纪起，人类进入了电气时代。许多伟大的科学家对电学都做出过杰出的贡献，库仑、伏特、奥斯特、安培等，都在最重要的人物之列。遥遥领先的是两位英国科学家迈克尔·法拉第（1791~1867）和詹姆斯·麦克斯韦（1831~1879）。本节介绍这两位伟大的电磁学先驱。

自学成才的科学家

不同于牛顿的争名夺利，英国物理学家法拉第是一位令人可敬的谦谦君子[10]。

法拉第和牛顿也有相似之处，他们都出身贫寒。牛顿被舅父发现他的科学兴趣和才能，得以上了大学。法拉第最感动世人的传奇之处，则在于他是著名的自学成才的科学家，只读过两年小学。据说法拉第的数学仅限于简单的代数，连三角都不熟悉。

法拉第出生在一个贫苦铁匠家庭。但是父亲非常注意对孩子们的教育，要他们勤劳朴实，不贪图金钱地位，做一个正直的人。这对法拉第的思想和性格产生了很大的影响。由于贫困，法拉第 13 岁到一个书商兼订书匠的家里当学徒。虽然工作辛苦，订书店却也多少满足了法拉第强烈的求知欲望。他在工作之余，如饥似渴地阅读各类书籍，汲取了许多自然科学方面的知识，尤其是《大英百科全书》中关于电学的文章，强烈地吸引着他。

法拉第将从书本学到的知识付诸实践，他利用废旧物品制作静电起电机，进行简单的化学和物理实验。科学实验的特点，在法拉第一生的科学活动中贯彻始终。

法拉第虽然学历不高，但擅长言辞，能用精辟简练的语言解释物理概念。一个完全自学成才的人，成为现代科学大师，实属罕见！

法拉第和戴维

法拉第因家贫而自学，在他"成才"的过程中，被誉为"无机化学之父"的著名科学家戴维，还是起了很大的作用。

当时，汉弗里·戴维爵士是英国皇家学会会长，是一位发现了最多种类化学元素的著名化学家。法拉第因为在订书店打工，他的好学精神感动了一位书店的老主顾，在这位顾客的帮助下，法拉第有幸聆听了戴维在皇家学会的科学演讲，后来被戴维发现他的才能并聘为助手。从此，法拉第才开始了他的科学生涯。

之后，法拉第跟随戴维到欧洲大陆国家考察，大大开阔了眼界，增长了见识。回到皇家研究所以后，在戴维指导下做独立的研究工作，并取得了几项化学研究成果，于1816年27岁时发表了第一篇科学论文。32岁任皇家学院实验室总监。35岁当选为皇家学会会员。36岁接替戴维任皇家研究所实验室主任。

法拉第对戴维的这段提携之情终生不忘，尽管戴维后来对法拉第并不友好，特别是当法拉第的科学成就及其在物理界的威望超过了戴维本人之后，激发了戴维强烈的嫉妒心。戴维借助自己的威望和权力，打压法拉第，多次阻止他成为皇家学会的会员。

即使是在当年，戴维也是将法拉第当作助手和仆人两者来使唤的。当戴维带着法拉第到各地旅游时，戴维的夫人更是摆出贵族的架子，对法拉第颐指气使，完全当用人看待。但是，法拉第对戴维却总是不计前嫌，不记"胯下之辱"，永远记得他的好，抹去他的坏，始终评价戴维是一个伟大的人。戴维最后终于被感动——或许只是他后来良心发现？——在戴维逝世的前几年，疾病缠身之时，他提名推荐法拉第担任皇家研究所实验室主任一职。在戴维临终时，别人问及什么是他一生中最重要的发现时，他没有列举周期表里那些被他发现的元素，而是自豪地说："我最伟大的发现是发现了法拉第！"

法拉第对戴维贯穿毕生的感激之情是真诚的。实际上，我们也应该感谢戴维，如果不是他"发现"了法拉第并将他带进了科学的殿堂，人类对电磁规律的发现和应用，也许要被推后数年。

电学大师和化学巨匠

法拉第对人类最重要的贡献是对电的研究。他发现了电磁感应，既发明了电动机，又发明了发电机。

法拉第不仅仅是一位杰出的实验物理学家，他对电磁理论问题的思考方式独树一帜，直到现在也能对我们有所启发。

法拉第在研究电场和磁场时，在电荷和磁铁周围的纸上，画上了密密麻麻的电力线和磁力线，并且加以充分的想象将它们延续扩展到全空间。

法拉第从1819年奥斯特的电流使磁针偏转实验中得到启发，设想如果反过来，让磁铁固定，那么线圈就可能会运动。根据这种设想，1821年，他成功地发明了第一台使用电流将物体运动起来的装置，那实际上是今天世界上使用的所有电动机的祖先。

1831年，法拉第首次发现电磁感应现象，并进而得到产生交流电的方法。同年法拉第发明了人类创造的第一个发电机。他的发现奠定了电磁学的基础，永远地改变了人类文明。

此外，法拉第还发现了"磁光效应"，即如果线偏振光通过磁场或磁性材料，其偏振面就会发生偏转。这一发现为电、磁和光的统一理论奠定了基础。

法拉第也是化学巨匠。他在化学方面的主要贡献是发现了氯气和苯，观察到气体扩散，并成功地液化了多种气体。他创造出许多后来常用的化学方法，还发现了电解定律，是电化学的先驱。

平民本色

法拉第的一生伟大而平凡，品格高尚，不失平民本色。他谢绝了英国皇室授予他的贵族头衔和皇家学会会长的提名。他答复说："我以生为平民为荣，并不想变成贵族。" 出于平民本性，他非常热心科学普及工作，在100多次星期五晚间讨论会上做过讲演，在圣诞节少年科学讲座上讲演达19年之久。他为人质朴，不善交际，不图名利，喜欢帮助亲友。

法拉第没有子女，但却收获了一个美好的、维系46年的婚姻，夫妻两人共同经历了贫穷、不孕、失忆症的危机。在法拉第年老最后的一场演讲中，法拉第最感谢的是他的妻子："她，是我一生第一个爱，也是最后的爱。她让我年轻时最灿烂的梦想得以实现；她让我年老时仍得安慰。"

朋友们看见报纸上登载英国皇室考虑要封法拉第为爵士的消息，都纷纷捧着香槟前来祝贺，法拉第却只是一笑了之。按照英国皇室的传统，可授予杰出人物以贵族称号，远自牛顿、近至戴维都曾获此荣耀。法拉第也当之无愧。但是，当皇室几次派人来说明此意时，法拉第都谢绝了。这是法拉第与其恩师戴维很大的不同。戴维以受封爵士为荣，并且喜欢到处用爵士衔签名。法拉第却拒绝了贵族称号，他永远是一个来自人民又造福人民的平民科学家。

爱因斯坦在他的学习墙上放着法拉第的一张照片，并将其与牛顿和麦克斯韦放在一起。

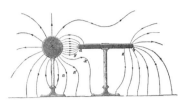

图9—1：法拉第的力线图和麦克斯韦的以太模型

法拉第在一次演讲中谈到了不少对光和电磁理论不同寻常的看法，其中最富想象力的，是惊人地预见了光的电磁理论。法拉第认为空间中充满了电力线和磁力线（图9—1左图），光很可能就是这些力线的某种横向弹性振动所产生的。这次演讲中，法拉第以大胆的推测语惊四座，但却没有人听懂他在说些什么。现在看起来，法拉第的力线思想实际上就是现代物理中"场"的概念，他是最早认识到相互作用应该通过"场"来实现的物理学家。法拉第，这个自学成才的"传奇"天才，当时的思想太超前了，它在等待另一位大师的到来。

科学奇才麦克斯韦

麦克斯韦出身贵族，从小受到良好的教育，擅长数学。当40岁的法拉第已经做了一大堆电磁实验，提出了著名的电磁感应定理之时，麦克斯韦才在苏格兰首府爱丁堡呱呱落地。30年后，年轻的麦克斯韦和老迈的法拉第结成了忘年之交，共同建造电磁王国[11]。

麦克斯韦智力超常，15岁写了第一篇科研论文。16岁进入爱丁堡大学学习。在爱丁堡大学，有两个人对他影响最深，一位是物理学家和登山家福布斯，另一位是逻辑学和形而上学教授哈密顿。福布斯是一个实验家，哈密顿教授则用广博的学识研究基础问题。后来，麦克斯韦用三年时间完成了四年的课程，离开爱丁堡，转入剑桥大学三一学院数学系学习，23岁以优异成绩毕业，并留校任职两年。

麦克斯韦1856年在苏格兰任自然哲学教授，30岁当选为伦敦皇家学会会员，在几个不同大学任教及专事著述电磁场理论的经典巨著《电磁》后，40岁时受聘为剑桥大学新设立的卡文迪什实验物理学教授，负责筹建著名的卡文迪什实验室。卡文迪什实验室由此成为世界上最负盛名的物理实验室之一，培养了数十位诺贝尔奖获得者。1874年在卡文迪什实验室建成以后，麦克斯韦担任第一任主任，直到1879年11月5日在剑桥逝世。

忘年交

1860年左右，麦克斯韦来到伦敦的国王学院执教，他经常出席皇家科学研究院的公众讲座，并与法拉第进行定期交流。

麦克斯韦和法拉第，他们的友谊及合作本身就是一种传奇：他们的年龄相差40岁，一老一少，两人有完全不同的人生经历。法拉第出自寒门，是自学成才的实验高手，麦克斯韦身为贵族，是不懂实验的数学天才，然而他们互相敬重彼此的才能，共同打造出了完全不同于牛顿力学的经典电磁理论的宏伟体系。

麦克斯韦的电学研究始于 1854 年，当时他刚从剑桥毕业，就读到了法拉第的《电学实验研究》，立即被书中新颖的实验和见解吸引住了。当时人们还深受 "超距作用"传统观念的影响，麦克斯韦注意到法拉第缺乏数学功底，因而理论的严谨性不够。麦克斯韦相信法拉第的新论中有着不为人所了解的真理。他一方面感受到法拉第思想的宝贵价值，同时也看到他在定性表述上的弱点。于是决定用自己擅长的数学来弥补法拉第的不足。

麦克斯韦对法拉第的力线图像有特别的兴趣，他用不可压缩的匀速流体来类比电力线和磁力线，用流体的速度和方向代表空间中力线的密度和方向。与法拉第深入交流合作之后，法拉第将电磁现象视为"场"作用的观点更是深深地影响了麦克斯韦。如何为这种"场"作用建立一个适当的数学模型？这个问题经常在麦克斯韦的脑海中盘旋。1855 年麦克斯韦发表了第一篇关于电磁学的论文《论法拉第的力线》，之后又在法拉第等前辈研究工作的基础上，对整个电磁现象做了系统、全面的研究。

电磁场方程

为了解释法拉第的力线图景和"场论"思想，麦克斯韦试图借助以太模型。虽然后来可以证明，麦克斯韦方程组描述的电磁理论完全不需要以太的存在，电磁场本身就是一种物质，不需要任何介质就可以在真空中传播。但历史地看，当时的麦克斯韦，对以太的力学模型进行了很深入的研究，他的理论最原始的形式是建立在"以太"的基础上。麦克斯韦的"力学以太"模型实际上是半以太、半介质的混合物。

"以太"的概念在古希腊时就被提出，之后由笛卡儿将其科学化。17世纪的牛顿时代，无论是提倡波动说的惠更斯，还是坚持微粒说的牛顿，都认为以太充满整个宇宙，无所不在，是光传播的承载物。因而，以太的存在成为人们心中根深蒂固的概念，麦克斯韦也一样，对以太坚信不疑。麦克斯韦将以太想象成一些质量很小的小球，如图9—1的右图所示，在这种"以太"的力学性质的基础上，他提出了位移电流的概念，并成功地将电学磁学中的库仑、法拉第、安倍等定律，归纳总结为麦克斯韦微分方程组。

根据麦克斯韦的电磁理论，电荷之间的相互作用通过空间中的电场E和磁场H起作用，见图9—2。麦克斯韦用四个形式对称的微分方程描述了电场和磁场的性质以及它们之间的关系。电场E和磁场H都是三维空间中的矢量场，所谓"场"的意思就是说，物理量是空间位置的函数，每一个点都有不同的函数值。电场E和磁场H对应于电力和磁力，力是一个矢量，因而电场和磁场都是矢量场，它们在空间中每一个点都有三个分量，一共便有六个分量。

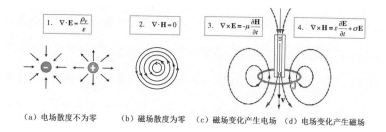

1. $\nabla \cdot \mathbf{E} = \dfrac{\rho_v}{\varepsilon}$　　2. $\nabla \cdot \mathbf{H} = 0$　　3. $\nabla \times \mathbf{E} = -\mu \dfrac{\partial \mathbf{H}}{\partial t}$　　4. $\nabla \times \mathbf{H} = \varepsilon \dfrac{\partial \mathbf{E}}{\partial t} + \sigma \mathbf{E}$

（a）电场散度不为零　　（b）磁场散度为零　　（c）磁场变化产生电场　　（d）电场变化产生磁场

图9—2：麦克斯韦方程统一了光、电、磁的理论

矢量场在空间的变化情形可以用"散度"和"旋度"来描述。以水流作类比，"散度"和"旋度"有非常直观的几何图像。水从水源向外流，汇聚到下水道。因此，在水源和下水道附近，水流的流线是"发散"或"汇聚"的，表明散度不为零。这种情形类似于电荷附近的电场，见图9—2（a），电力线（电场之力线）从正电荷散出，汇聚到负电荷，因而，电场的散度不为零，且正比于电荷密度 v，如图上方的公式1所示，这是麦克斯韦的第一个方程。

因为这个世界上有电荷但没有磁荷，所以磁场和电场不一样。磁铁的南极北极是无法分开的，即使你将一个磁体断成两截，你得到两个磁体，却得不到单独存在的磁极。磁力线都是封闭的圈线，这说明磁场是无源场。所以，磁场的散度为零，见图9—2（b），图上方的公式2是麦克斯韦的第二个方程。

图9—2（c）和图9—2（d）所描述的，则是电场和磁场的旋度。旋度的几何图像可以比喻为水流中的涡旋。图9—2（c）对应于麦克斯韦的第三个方程：磁场对时间的变化率，等于电场的旋度；图9—2（d），即麦克斯韦的第四个方程，说的则是电场对时间的变化率，等于磁场的旋度。两个方程的说法是对称的，描述了电场磁场之间的联系：变化的电场产生磁场，变化的磁场产生电场。

经典电磁理论最令人兴奋的成果，就是预言了电磁波的存在，为法拉第在那场即兴演讲中的大胆推测，找到了理论根据。遗憾的是，当时的法拉第已经太老了，没能用实验证实电磁波的存在，麦克斯韦预言电磁波的两年之后，法拉第就去世了。麦克斯韦自己呢，也只活了48岁，没有能等到电磁波的实验证实。

第一次用实验观察到电磁波的人，是发现了光电效应的海因里希·赫兹，时间则是在 1887 年，麦克斯韦逝世 8 年之后。如今，麦克斯韦方程建立已 150 多年，电磁波漫天飞舞，携带着人类数不清的信息，让这个世界热闹非凡。

麦克斯韦的电磁理论将光、电、磁统一起来，为电气时代奠定了基石，可以比肩牛顿的经典力学。麦克斯韦在电磁学上取得的成就被誉为继牛顿之后，"物理学的第二次大统一"。麦克斯韦被普遍认为是对 20 世纪最有影响力的 19 世纪的物理学家。他对基础自然科学的贡献仅次于牛顿。科学史上，称牛顿把天上和地上的运动规律统一起来，是实现第一次大综合，麦克斯韦把电、光统一起来，是实现第二次大综合，因此应与牛顿齐名。

然而麦克斯韦的科学思想和科学方法的重要意义直到 20 世纪科学革命来临之时才充分体现出来。1931 年，爱因斯坦在麦克斯韦百年诞辰的纪念会上，评价其建树"是牛顿以来，物理学最深刻和最富有成果的工作"。

<h2>玻尔兹曼：选择自杀</h2>

建立统计力学

1906年9月5日那个阴晦的下午，一位伟大的物理学家，在意大利度假的旅店里，因情绪失控而自缢身亡。他就是热力学和统计物理的开山鼻祖——路德维希·玻尔兹曼（1844~1906）。当年的大多数物理学家们不见得愿意提起玻尔兹曼的死因，因为居然涉及学术界一段长久的论战纷争[12]。

但就个人因素而言，玻尔兹曼之死与其性格有关，他孤僻内向，导致了严重的抑郁症。当年的玻尔兹曼沉浸在他的"原子论"与奥斯特瓦尔德的"唯能论"不同见解的斗争中。实际上，这场论战是以玻尔兹曼的取胜而告终。但是，长长的辩论过程使玻尔兹曼精神烦躁，不能自拔，痛苦与日俱增，最后只能用自杀来解脱心中的一切烦恼。

玻尔兹曼一生与原子结缘，但他不是如同汤姆逊、卢瑟福、玻尔那样为单个原子结构建造模型，他研究的是大量原子分子聚集在一起时候的统计规律，即这些粒子的经典统计规律。

玻尔兹曼最伟大的功绩，就是发展了通过原子的性质来解释和预测物质的物理性质的统计力学，并且从统计概念出发，完美地阐释了热力学第二定律。

他研究分子运动论，其中包括研究气体分子运动速度的麦克斯韦－玻尔兹曼分布、基于经典力学的研究能量的麦克斯韦－玻尔兹曼统计和麦克斯韦－玻尔兹曼分布。它们能在非必须量子统计时解释许多现象，并且更深入地揭示了温度等热力学系统状态函数的物理意义。

玻尔兹曼关于统计力学的研究，为他在物理学的巨人中赢得了一席之地。正是在玻尔兹曼及麦克斯韦等人创立的经典统计方法之基础上，玻色、爱因斯坦、费米、狄拉克等人建立了量子统计规律。量子统计涉及"全同粒子"、"自旋波函数"、费米子、玻色子等概念，在量子力学的发展和诠释中，尤其重要。

玻尔兹曼的工作不仅仅扩展到后来的量子统计，当时直接影响到旧量子论的建立。普朗克受到玻尔兹曼的影响，在进行关于黑体辐射量子论工作时，他得出辐射定律的理论推论中，便使用了玻尔兹曼的统计力学，尽管他此前曾表示"厌恶热力学"。爱因斯坦在发表光电效应及狭义相对论的同一年，发表了一篇有关布朗运动的论文，也是在玻尔兹曼统计观念启发下的成果。导致量子概念的黑体辐射研究，本来就是热力学课题。因此可以说，如果没有玻耳兹曼在热力学、统计物理及原子论方面的贡献，不可能有包括量子理论在内的现代物理学。

熵的统计物理解释

统计物理起源于19世纪中叶，那时候，尽管牛顿力学的大厦宏伟、

基础牢靠，但物理学家们却很难用牛顿的经典理论来处理工业热
机所涉及的气体动力学和热力学问题。分子和原子的理论也是刚刚开始
建立起来，学界迷雾重重，不同观点争论不休。热力学方面的宏观现象
是否可以用微观粒子的动力学理论来解释？做这方面研究的代表人物正
是玻尔兹曼和麦克斯韦。

　　玻尔兹曼从统计物理的角度，特别研究了熵。他的墓碑上没有碑文，
而是镌刻着玻尔兹曼熵的计算公式：

　　用现在常见的符号表示，$S = k_B \ln W$，这儿的 $k_B = 1.38 \times 10^{-23}$J/K，
是玻尔兹曼常数，其物理量的基本属性正好将温度和能量联系起来：能
量和温度之商。公式的后面一项是以 e 为底的对数，对数函数中的 W
是宏观状态中所包含之微观状态数，描述了宏观（热力学）与微观（统
计）的关联。

　　从上述的玻尔兹曼熵公式，可以解释"粒子数越多熵越高"的道理。
因为粒子数越多，包含之微观状态数 W 便越大。举个最简单的例子，
用正反面不同（但出现的概率相同）的硬币来代表"粒子"，一枚硬币

可能的状态数为 W=2（正和反），两个硬币可能的状态数 W 增加为 4（正正、正反、反正、反反），W 越大，lnW 也大，显然验证了"粒子数越多熵越高"的事实。

考虑硬币数目继续增多的情况，比如考虑 50 枚硬币互不重叠平铺在一个盘子里的各种可能性。假设我们的视力不足以分辨硬币两面的图案，因而也不知道盘中"正""反"面的详细分布情况，所有的图像看起来都是一样的，因此，我们简单地用"n=50"来定义这个宏观状态，即 n 是硬币系统唯一的"宏观参数"。但是，如果用显微镜一看，便发现对应于同一个宏观参数，可以有许多种正反分布不同的微观结构，从微观结构的总数 $W=2^{50}$ 可知，该宏观系统的熵正比于粒子数 n（这儿 n=50）。

数学家为我们提供了一个简单的工具：用"状态空间"来表示上文中所说的"许多种不同的微观状态"。在状态空间中，每一种微观态对应于一个点。比如说，一个硬币（n=1）的情况，正反两个状态可以用一维线上两个点来表示；两个硬币（n=2）的四个状态可表示为二维空间中的 4 个点。不过，当 n=50 时，状态空间的维数增加到了 50！50 枚硬币正反面分布的各种可能微观状态得用这个 50 维空间中的 2^{50} 个点表示。

总结以上的分析，熵是什么呢？熵是微观状态空间某集合中所包含的点的数目之对数，这些点对应于一个同样的宏观态（n）。

硬币例子只是用以解释什么是状态数的简单比喻。实际物理系统的状态数依赖于系统的具体情况而定。热力学考虑的是宏观物理量，也就是说系统作为一个整体（不管它的内部结构）测量到的热物理量，比如对理想气体而言，有压强 P、体积 V、温度 T、熵 S、内能 U 等。

统计物理则考虑微观物理量，即考虑系统的物质构成成分（分子、原子、晶格、场等）。在 19 世纪 70 年代，分子原子论刚刚开始被接受，玻尔兹曼超前地用分子的经典运动来解释热力学系统的宏观现象，遇到不少阻力。

仍旧以理想气体为例，按照统计力学的观点，温度 T 是系统达到热平衡时候分子运动平均动能的度量，即等于系统中每个自由度的能量；内能 U 只与温度 T 有关，所以也仅为分子平均动能的函数。热力学熵（克劳修斯熵）是总能量与温度的比值，而系统的温度可以理解为每个自由度的能量。由此可得，熵等于微观自由度的数目。这个结论符合统计熵（玻尔兹曼熵）的定义，克劳修斯熵和玻尔兹曼熵是等价的。

对理想气体而言，硬币例子中的状态空间应该代之以分子运动的"相空间"。相空间的维数是多大？如果考虑的是单原子分子，每个分子的状态由它的位置（3 维）和动量（3 维）决定，有 6 个自由度，n 个分子便有 $6n$ 个自由度。如果是双原子分子，还要加上 3 个转动自由度。

与硬币状态空间有所不同，经典热力学和统计物理使用的相空间是连续变量的空间，不像硬币状态空间是离散的。因此，熵是相空间中某个相关"体积"的对数，这个相关体积中的点对应于同样的宏观态。

微观状态数是一个无量纲的量，与状态空间或者相空间是多少维也没有什么关系，在硬币的例子中，无论 $n=1$，2，或 50，得到的状态数都只是一个整数而已。而在连续变量相空间的情况下，所谓的体积，实际上可以是线元的长度，或者面积，或者是高维空间的"体积"。这是抽去了具体应用条件的"熵"的数学模型，也反映了熵的统计本质。

捍卫原子论

玻尔兹曼的分子运动论是在预设原子和分子确实存在前提下建立的。

今天我们把原子分子的存在当作理所当然，玻尔对量子论的贡献也正是基于原子模型上。但在一百到两百年前却不是这样的，尽管道尔顿1808年在他的书中就描述了他想象中物质的原子分子结构，但是这种在当时看不见摸不着的东西没有多少人真正相信。一直到道尔顿之后过了八九十年的玻尔兹曼时代，他还在为捍卫原子理论与"唯能论"的代表人物做艰苦斗争。

所谓"唯能论"是什么意思呢？在18世纪的分析力学大发展之后，能量的概念深入人心，力的概念几乎被抛弃，恩斯特·马赫及奥斯特瓦尔德等便认为，既然能量这么好，那我们为什么不把所有理论都建立在"能量"这个概念上呢？也就是说，他们认为没有物质（原子），只有能量，这就是唯能论！那时候没有电子显微镜，谁也没看见过原子。原子论的反对者们当年常说的一句话是："你见过一个真实的原子吗？"

当时的玻尔兹曼当然也无法看见原子，但他凭着自己的物理直觉，相信原子的存在，认为物质由分子原子组成。玻尔兹曼不能看着唯能论者靠一派胡言毁掉自己毕生的心血，于是，他展开了与"唯能论"长达十年的论战。

大凡科学天才，性格往往都具有互为矛盾的两方面，玻尔兹曼也是如此，他有时表现得极为幽默，给学生讲课时形象生动、妙语连珠，但在内心深处却又似乎自傲与自卑混杂。

坚定的原子论支持者玻尔兹曼有杰出的口才，但提出唯能论的德国化学家奥斯特瓦尔德也非等闲之辈，他机敏过人、应答如流，且有在科学界颇具影响力却又坚决不相信"原子"的恩斯特·马赫作后盾。而站在玻尔兹曼这一边的原子论支持者，看起来寥寥无几，并且大多数都是些不耍嘴皮的实干家，并不参加辩论。因此，玻尔兹曼认为自己是在孤军奋战，精神痛苦闷闷不乐。虽然在这场旷日持久的争论中，玻尔兹曼最终取胜，但却感觉元气大伤，最后走上自杀之路。

实际上，"唯能论"与"原子论"两种理论，在当年没有实验支撑的情况下很难分辨对错。这也就是玻尔兹曼困惑之处。爱因斯坦后来评价玻尔兹曼："他明白自己有着那个时代最睿智的头脑，这也是他自负的资本，但是他的自卑也是明显的，一旦有很多人站在他的对立面，他就会惴惴不安，反复地思考自己是否有这样或那样的错误……"玻尔兹曼自信他的物理直觉，又无法证明原子存在。因此，他实际上不仅仅是在与对手辩论，而且也是在与自己辩论。自己和自己辩论十年未果，这才是他感觉无比悲哀的真正原因！

从盖伦到哈维

化学家们

图灵

达尔文

第三章

科学之广博

孟德尔

寺斯拉

文艺复兴之后，科学从自然哲学中蜕变出来，发展成一幅由多个学科分支共同描画的巨大画卷。紧跟着天文及物理学发展的脚步，生物、地质、化学、心理学、医学、工程等，也都相继建立起来，并大步地向前迈进。

科学的领地越来越大，科学方法更是广泛地用于各行各业。在现代社会中，人文学科也越来越多地被冠以"科学"之名。因此，现代科学一般说来可划分为三大分支：原来意义上的自然科学；形式科学，包括逻辑、数学、理论计算机科学等；社会科学，包括经济学、心理学、社会学等。

本章中以紧接着物理学发展起来的生物、医学、化学等领域中几位典型人物为例，说明科学对社会的广泛影响。

从盖伦到哈维：发现血液循环

在第一章我们介绍过古代东方和西方的两位医生，那个时代的医学也许还算不上科学，回顾一下血液循环的发现历史，可以看到西方医学是如何从经验走向科学的。

血液循环

生命是什么？现代科学将生命定义为"能进行自我复制的半开放物质系统"。但这个定义是不可能被古代任何人理解的，即使是研究生命的医生们，也不知道你这句话说了些什么。当然，这句话除了定义"动物生命"之外，其中还包括了植物以及最简单的生命现象，是对所谓生命的最广泛定义。如果只考虑如人一类的哺乳动物之"生与死"的差别的话，最容易理解的，一定是与"血液"和"心脏"这两个词相关联的某种描述。

人人都知道，健康人体的心脏应该一直在"永不疲倦"地跳动，血液永远在不停地流动和循环。如果心脏不跳动了，血液流光了，那就意味着生命的结束、人的死亡。有一点现代医学常识的人都明白："心跳"和"血流"这两者是联系起来的。通常人们会把心脏比喻成一个泵，用来把血液泵进大动脉，继而流往全身各处，供给细胞新陈代谢所必需的营养。

　　人的心脏结构分"左和右"，包括"两室两房"。人体的血液循环，是由体循环和肺循环构成的双循环。体循环是主要的大循环，肺循环是小循环。两个循环的路径如下：

　　体循环：左心室→主动脉→全身毛细血管→静脉→右心房；

　　肺循环：右心室→肺动脉→肺毛细血管→肺静脉→左心房。

　　每一边的心房到心室之间，有心瓣膜相隔。瓣膜如同一个"阀门"，血液只能单向流过阀门。例如，血液经过体循环到达右心房后，通过瓣膜进入右心室，开始肺循环，最后到达左心房，从左心房又穿过瓣膜进入左心室，进行下一轮的体循环。

　　必须将两个循环联成一个整体的更大循环来考虑，才能正确地理解人体心脏功能及血液循环的关系。然而，在医学史上，这两个循环却不是同一个人发现的，而是分别由相距半个多世纪的塞尔维特和哈维两个科学家发现。由此可见科学发现的艰辛和困难，人体科学研究更有其特别之处，因为它的研究对象不是那么方便被用来做"实验"的！

　　红色的血液！给人以恐怖和梦幻的感觉，既使人害怕惊怵，又引人激励奋进、浮想联翩。从古至今，对血液的认识经历了一个漫长的过程，举步维艰。本节我们简单介绍一下发现血液循环的故事。

盖伦

　　古希腊盛行的是希波克拉底的医学理论，之后，古罗马的医学家及哲学家盖伦（129~200），继承并发扬光大了希波克拉底的理论。盖伦的见解和理论在欧洲起支配作用，被视为医学界的绝对真理达1400年。

仅就发现血液循环而言，还有另外几位医生的工作不容忽视。血液的研究与解剖有关，公元前320年左右的希腊解剖学家赫罗菲拉斯，曾经当众进行解剖表演。稍后的另一位医生埃拉锡斯特拉特，第一个较精确地描述了心脏构造，且把心脏看作是一个水泵，已经非常接近掌握血液循环的概念。

后来就到了盖伦的年代，他亲自做过大量解剖，也对心脏和血管做过细心的研究，最早提出了血液流动的概念。但他认为血液在人体内像潮水一样流动之后，便消失在四周，却未想到血液会在人体内部循环。

盖伦出生于希腊，在公元162年去了罗马，以出色的医术与著名的医学作家身份，很快就赢得人们的赞誉，并成为两位罗马皇帝的医生与亲信。盖伦同时也是哲学家，对世界求本溯源，体现在他对人体结构的假设上就是他的"体液说"，认为人体有四种液体：血液、黑胆汁、黄胆汁、黏液。这四种液体比例失调时，人就会得病。

从现代医学的观点看盖伦的理论，很多都是错的。究其原因，一是因为两千年前科技水平的局限，二是因为他的知识多数来自于对动物的解剖，然后将其推广到人体。

除了研究血液之外，盖伦可算是第一位神经科学家。他对神经科学的研究，很多也来自于动物解剖，例如，盖伦做过一次著名的"杀猪表演"。通过这次公开解剖活猪的演示表演，盖伦证明了：猪叫的功能是被脑神经控制的，而不是原来所认为的由心脏控制！

罗马广场上，几个屠夫捆住一只正在嚎叫着拼命挣扎的猪。只见盖伦用一把锋利小刀，割开猪的颈部，向人们展示夹在肌肉中，从猪脑袋里通下来的一根细细的白线说："看看这根来自脑袋的神经，它控制着猪叫声，和心脏无关……"只见盖伦用刀，把那细线突然割断，猪仍然奋力挣扎，但原来震耳欲聋的叫声却顿时戛然而止了。众人自然心服口服，根据他们的亲眼所见，这根细线显然控制着猪的叫声。今天，现代医学的知识告诉我们，这控制猪叫的神经叫作"喉返神经"。

塞尔维特

科学发展的道路从来就不是一条简单的直线，医学的发展也是九曲十八弯。因为世界各地都有医生，都有解剖学家，所以，当年做血液研究的也大有人在。后人们将发现肺循环的荣耀归于西班牙医学家、神学家塞尔维特（1511~1553），但实际上第一次提出肺循环的学者是一位阿拉伯医生，是 13 世纪大马士革的医学家伊本·纳菲斯（1213~1288）。

纳菲斯挑战盖伦认为血液从右心房流到左心房的假设，因为他发现左右心房之间的隔膜很厚，没有像盖伦所设想的那种让血液流通的孔道。由此，纳菲斯提出了小循环，即肺循环的理论，这比塞尔维特的发现要早 300 多年，但在当时并未引起人们的重视。

后来的塞尔维特观察到两个心室的血液颜色明显不同，观察到左心房和肺静脉的连接关系，观察到肺静脉非常粗大。并且认为这么粗大的静脉，不会是像盖伦说的，仅仅是为了让肺脏里面的"气"走到心脏，而是血液流动的一条主干道。

恩格斯曾经说："塞尔维特正要发现血液循环过程的时候，加尔文便烧死了他，而且活活地把他烤了两个钟头……"据说此言有误，但他的确发现了"肺循环"的科学理论，也的确被活活烧死了。只是这两者是否有些许直接的因果关系，尚待考证。

塞尔维特在《基督教复兴》中，提出了"灵魂本身就是血液"的看法，认为血液是从右心室先流到肺，再由肺送回左心房，并强调这种循环是"在肺内完成的"。后人基于他的功绩，常将肺循环称为"塞尔维特循环"。

哈维

真正发现并用解剖实验证实心脏功能和血液循环的，是英国生理学家和医生威廉·哈维（1578~1657）。哈维是与伽利略同时代的医生，他24岁在英国剑桥大学获得医学博士学位后，便开始在伦敦行医。他关心病人，认真负责，刻苦实践，很快就成为伦敦的名医。

哈维质疑"血液流到人体四周就消失了"的观点，为什么会消失？消失到哪里去了呢？他决心通过解剖实验，澄清这些疑惑。

大多数时候，哈维都是拿动物开刀，他认为人体和大动物的心脏功能及血液循环机制是类似的。哈维一生共解剖过40多种动物。通过解剖，他发现心脏像一个水泵，把血液压出来而流向全身。哈维曾经用兔子和蛇反复做实验，他把它们解剖之后，立即用镊子夹住还在跳动的动脉，这时候，他发现动脉血管通往心脏的一头膨胀，而另一头很快缩小，这说明血原来是从心脏向外流，但被镊子夹住了而集聚在心脏一头。反之，当他用镊子夹住静脉的话，现象反过来：通往心脏的一头缩小，而另一头鼓胀起来，这说明静脉血管中的血是流向心脏的。

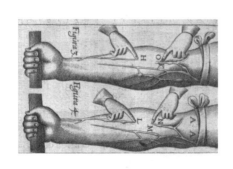 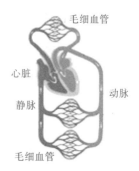

（a）哈维书中的插图　　　　　（b）人体血液循环

图 11—1：哈维发现血液循环

上述实验意味着生物体内的血液是单向流动的：从心脏到动脉，从静脉到心脏。动物可以解剖，如何证明在人体中也是相似的情况呢？哈维企图在人体中证实这一点，但当然不能解剖活人。于是，他巧妙地想出了一个短暂的"活体结扎"的办法。他请了一些比较瘦的人，这样容易在他们身上找到血管并观察血管的变化。当他用绷带扎紧人手臂上的静脉时，观察到朝向心脏那头的血管立刻变小、瘪下去，另一端则变大鼓了起来；而当扎紧手臂上的动脉时，情形则相反。用绷带结扎血管很容易证明血液的流动方向。这样便证明了人体中心脏与血液流动之关系，与动物的血液流动关系是一样的。

此外，哈维做了一个简单的计算：如果心室的容量大约为57克，即心脏每次跳动的排血量大约是57克。心跳每分钟72次，则一小时由心脏压出的血液应大约为300千克。这个数值约是体重的5倍。这些血液不可能马上由摄入体内的食物转换而来，人体不可能在短时间内造出那么多的血。从而，哈维猜测人体内的血液是不断循环的：血液流出心脏后没有消失，而是在体内循环。也就是说，血液由心脏这个"泵"压出来，从动脉血管流出来，流向身体各处，然后，再从静脉血管中流回去，回到心脏。

哈维于1616年4月的一次演讲中，第一次提出关于血液循环的假设。然后，他又花费了九年时间来做进一步的实验和仔细观察，掌握了血液循环的详细情况。1628年发表《关于动物心脏与血液运动的解剖研究》一书，正式建立血液循环的理论。

然而，哈维当时的实验有一个缺失之处：动脉的血是怎样进入静脉血管中的？哈维断言：动脉和静脉之间，一定有某种肉眼见不到的血管起这种连接作用。但由于当时条件所限，哈维无法用实验证明这点，只能做理论预言。这种"中介"就是现在我们所说的毛细血管。

后来，意大利医学家马尔切洛·马尔比基于1661年，将伽利略发明的望远镜改制成显微镜，观察到了蛙肺部毛细血管的存在，从而最后验证了哈维的血液循环理论。

哈维的发现开创了以实验为特征的近代生理学，从此，生理学被确立为科学。哈维被称为"近代生理学之父"，其贡献是划时代的，标志着新的生命科学的开始，是属于 16 世纪科学革命的一个重要组成部分。哈维因为他的出色的心血系统的研究，使得他成为与哥白尼、伽利略、牛顿等人齐名的科学革命的巨匠。

化学家们：从炼金术开始

化学的历史始于炼金术，虽然那也还算不上科学，但是也有两点可取之处：一是思想方面的，认为不同的物质可以互相转化。由于没有正确的科学理论的指导，他们的转化目的不可能实现，但其物质转化的思想带有革命的意义。二是通过炼金术，人类积累了很多实验的经验，同时也制造发明出来许多实验工具，有利于现代化学的发展。

现代科学诞生（伽利略时代）之前，东西方都有相差不多的一段历史时期，产生了许多热衷于炼金术的人士。中国古代有"黄白术"，炼成的黄色东西，以为是金，白色东西便被认为是银。除了想提炼出金银之外，中国还有"炼丹术"，企图制造长生不老药。

到了科学革命的年代，物质结构的理论逐渐发展成形，科学理论指导下企图实现的物质转化，就不叫炼金术，可称之为"化学"了。其先驱者主要有两个英国人和一个法国人：发现气体定律的爱尔兰人波义耳，用质量守恒定律来否定燃素说的法国人拉瓦锡，以及第一个为原子建立模型的道尔顿等[13]。波义耳和拉瓦锡之家庭都算贵族阶层，但道尔顿却是贫困人家出身。

化学史家把 1661 年作为近代化学的开始，标志是波义耳的著作《怀疑派化学家》问世。尽管波义耳自己是一名炼金术士，并且终其一生追求炼金术，但他同时也声称自己是"怀疑派化学家"，在这种矛盾的纠葛中，波义耳对化学做出了很多贡献，因此后人认为他开启了近代化学，恩格斯评价他"把化学确立为了科学"。

不过，作为一名物理学工作者，波义耳最著名的工作是阐述了绝对压力和气体体积之间的关系，被称为波义耳定律。

波义耳 1627 年出生于爱尔兰，家中共有 14 个小孩，父亲是伯爵和当地富有的地主。影响波义耳走上科学道路的最大事件是他 1641 年时候的一趟意大利佛罗伦萨之游。这次出国旅行让早熟的 14 岁青年接触到伽利略的研究，并非常感兴趣。然而，不料正当他在佛罗伦萨期间伽利略病逝了。也许这个消息使波义耳震惊的同时也使他暗暗地立下从事科学的愿望。接着，他父亲过世后，在英格兰和爱尔兰遗留给他庞大的资产，给予他机会和财力追求他对科学和数学的兴趣。

波义耳在他的住所建造了一个实验室，开始做显微镜的观察和化学实验。当时的欧洲，随着科学兴起，从事科学的人逐渐增加，波义耳在牛津和伦敦，结识了一群有共同兴趣的自然哲学家，其中包括沃利斯等科学家，他们以增进自然知识为目的，因为不一定强调明确的聚会地点时间，他们自称为"无形学院"。波义耳进行实验及逻辑推理的结果，主要通过这个无形学院与科学界前沿人士交流沟通，该学院最终成为了皇家学会的前身。因此，波义耳对皇家学会的建立有贡献。英国皇家学会是人类迄今为止历史最悠久、从未间断的唯一科学学会。

这种科学共同体的建设，是科学发展的重要环节。17世纪的欧洲，科学家们组织的社团对近代科学的诞生和发展起了极大的推动作用。在英国，波义耳参与的"无形学院"，是科学史上第一个科学共同体。随后，法、德等国也纷纷仿效。法国的巴黎学界也出现了许多个人自由组织起来的非正式的各种学术性圈子或学会，其中比较著名的是修道士梅森的小组，他们定期聚会，当时学界的著名人物，如笛卡儿、伽桑狄、费马、帕斯卡尔等都在其中，最后演变成了法兰西科学院。

德国后来也有了柏林学院。

1650年，全欧洲的科学家都因德国科学家格里凯制造出全球第一个人造真空的讯息而惊奇不已。他把两个大的铜半球组合在一起，把里面空气抽光，四周的气压将两个半球紧紧结合在一起，压力之大，据说用两组各有八匹马的马队也未能将两个半球分开。

波义耳对此深感兴趣，他将物理学家胡克聘任为助理，一起对真空及"气动引擎"进行进一步的实验研究。之后在1662年总结出了著名的"波义耳定律"：在定量定温的条件下，理想气体的体积与压强成反比。如下页图所示。波义耳定律是第一个描述气体运动的数量公式，为气体量化研究和化学分析奠定了基础。

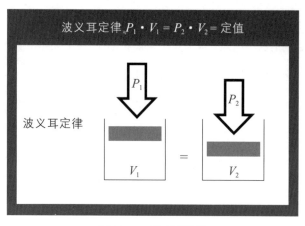

图12—1：波义耳定律

成功地研究了波义耳定律后，波义耳进一步进行真空实验，证明了真空的真实存在，发现了真空的若干特性，诸如：在真空中，物质不能燃烧，声音不能传播，生物不能生存，等等。波义耳也专注进行其他化学实验。在实验的需求下，他发明了用石蕊试纸来检测酸碱度，发现酸碱作用能生成盐，他还发明了钢笔用的墨水，并首先将化学分析方法用于临床医学，证明了血液中含有氯化钠和铁。波义耳提倡用实验来验证理论和学说的科学方法，为现代化学研究奠定了实验基础。他挑战亚里士多德的四元素说，认为世界不是由"泥土、空气、火、水"构成的，而是由更小的基本粒子组成的，这正是他从反复大量的实验经验中悟出的真理，从研究气体得出的切身体会，不是随意想象出的结论。波义耳认为只应该将"不能互相转变和不能还原成更简单的东西"称为元素："我说的元素……是指某种原始的、简单的、一点儿也没有掺杂的物体。元素不能用任何其他物体造成，也不能彼此相互造成。元素是直接合成所谓完全混合物的成分，也是完全混合物最终分解成的要素。"这些认知，足以让波义耳被认为是近代化学的奠基人。

科学家有时候是一个矛盾的结合体，这一点也在波义耳身上体现出来。他既是一位怀疑的化学家，因为怀疑而用实验验证，因为怀疑而开启了现代科学的新时代；但他的科学思想中一直掺杂着神秘感和迷信的成分，他是一个炼金术士，相信可以让金属产生变化而炼出"金"来。有趣的是，波义耳的遗产中还为人类贡献了一张预言式的"愿望清单"，列举了24项可能的"未来发明"，其中包括"延长寿命""飞行艺术""又轻又异常坚硬的盔甲""改变或提升想象力的特效药"等，这些当年使人感觉奇特的预言现在都已经基本上实现了！

被送上断头台的化学之父：拉瓦锡

安托万·拉瓦锡（1743~1794）既是贵族，又是科学家。从事科学活动是当时欧洲贵族阶层的时尚，绅士们的爱好。

拉瓦锡被后人尊称为近代化学之父，他对化学本身的贡献有：研究燃烧的本质是什么；明确提出了元素的定义，列出了第一张元素表，有33种元素；对各类物质制定了科学命名法；命名氧与氢，预测硅元素。此外，他倡导并改进了定量分析法，用其验证了质量守恒定律；帮助建立了公制；是最早研究生物体呼吸作用的科学家。

拉瓦锡探究燃烧之谜，批判"燃素说"，科学地提出氧气在燃烧中的作用。

火的使用在人类发展史上具有重大意义，是使人类从野蛮状态走向文明的关键一步。据说在一百万年之前或更早，直立猿人时代，就学会了使用火。但人类对火的发生原因，对燃烧的本质的认识，却经过了漫长的过程。科学家一直都困惑：燃烧到底是怎么回事？燃烧是怎么发生的？燃烧如何可能？当时最流行的一种理论叫作燃素说，也就是说，能够燃烧是因为被烧的东西里面含有燃素。这个燃素被激发后就烧起来了。18世纪以前，燃素说是化学的公认理论，人们一般认为物质燃烧时，"燃素"会被释放出来。按照这种理论，燃烧后的总质量应该因为燃素的释放而减低。但是，拉瓦锡进行过许多燃烧实验，并且在实验中进行定量分析，他发现燃烧时的确有火和光放出来，这"火和光"与人们所说的"燃素"有关系吗？更奇怪的是：许多情况下燃烧之后的总重量不但不减少反而增加。

这是为什么呢？即使假设有所谓的"燃素"被释放出来，但质量增加说明，一定还有其他的物质参与了燃烧过程。波义耳等对真空的研究也启发了拉瓦锡。他发现燃烧一定要在有空气的情况下才能进行，空气中有氧气，很有可能是氧气参与了燃烧！于是，拉瓦锡使用定量分析方法分析燃烧时伴随着的"空气的离析"后发现：燃烧物质重量的增加，精确地等于被离析出的空气的重量，即氧气的重量。

由以上的实验结果，拉瓦锡在他的著名论文《燃烧概论》中否定了燃素说，提出他的"氧燃烧说"，认为燃烧的本质是同时伴有放热和发光，并生成新物质的激烈氧化过程。

光	碳	铋	钼	镁氧
热	盐酸基	钴	镍	硅石
氧	氟基	铜	金	石灰
氮	硼酸基	锡	铂	钡土
氢	锑	铁	铅	矾土
硫	银	锰	钨	
磷	砷	汞	锌	

图 12—2：拉瓦锡的第一张元素表

1789 年，拉瓦锡出版了一本很重要的书《化学概要》，在该书中他最终确定了化学中最基本最重要的概念——元素，明确提出了元素的定义并运用分类比较法，列出了第一张元素表，其中包括 33 种那时候他认为是元素的东西（见上表）。该书在巴黎问世后，产生了广泛影响，很快被译成多种文字，广为化学家们接受。

这位具非凡天分的科学家，最后被送上断头台，是与他坚持反对燃素说有关。

法国大革命时期，有一位与拉瓦锡同龄的著名的活动家和政论家马拉(1743~1793)。马拉除了是个狂热的革命家之外，也是个医生和科学家。马拉拥护燃素说，他也做过一些光学实验，企图展示火焰中的火质，即燃素，但拉瓦锡反驳马拉的理论，两人因此结怨。

拉瓦锡参与政治活动，是法国的一个税务官。当时法国大革命闹得很凶，平民认为所有的贵族都是坏蛋，所有的公务员都是混账，马拉借此煽动民众对收税的人的仇恨，把当年反驳过他的拉瓦锡，说成是个骗子公务员集团的首脑。

不过，诽谤拉瓦锡的马拉也不得好死，有一天他正在家里浴缸泡澡的时候，忽然有人进来把他刺杀了。马拉死了，但他散布的谣言的影响力仍在，大家仍然以为马拉是英雄，拉瓦锡是骗子，最后把这位伟大的化学家推上了断头台。

建造第一个原子模型：道尔顿

最开始给原子建立科学模型的，是英国的约翰·道尔顿（1766~1844），他把原子描述成一个不可再分的、坚硬的实心小球。尽管这是一个错误的模型，但它首次将原子的研究从哲学引进到科学。历史地看，仍然功不可没。

道尔顿是个很有特色的科学家。他终生未婚，安于穷困、别无他求，只为科学理想而献身。道尔顿老了之后，即使是英国政府给予他的微薄的养老金，他也把它们积蓄起来，捐献给曼彻斯特大学作为奖学金。道尔顿年轻时从一个名叫高夫的盲人哲学家那里接受了自然科学知识。又由于道尔顿自己是个色盲，他从自身的体验中总结出色盲的特征，给出了对色盲的最早描述。并且，道尔顿希望在他死后对他的眼睛进行检验，用科学的方法找出他色盲的原因。1990 年，在他去世后将近 150 年，科学家对其保存在皇家学会的一只眼睛进行 DNA 检测，发现他的眼睛中缺少对绿色敏感的视锥细胞。

道尔顿是个气象迷，他从 1787 年 21 岁开始，连续观测记录气象，几十年如一日，从不间断，一直到 78 岁临终前几小时，还为他近 20 万

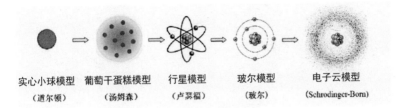

实心小球模型　　葡萄干蛋糕模型　　行星模型　　　玻尔模型　　　　电子云模型
　（道尔顿）　　　（汤姆森）　　　（卢瑟福）　　　（玻尔）　　　（Schrodinger-Born）

图 12—3：原子模型

字的气象日记，颤抖地写下了最后一页，给后人留下了宝贵的观测资料。

　　道尔顿认为原子是不可再分的，几十年后的约瑟夫·约翰·汤姆森（1856~1940），却发现从原子中射出了电子，汤姆森因此发现而获得了 1906 年的诺贝尔物理学奖。根据原子中存在电子的事实，汤姆森 1904 年提出原子的葡萄干蛋糕模型（或西瓜模型）。他将原子想象成好似一块均匀带正电荷的"蛋糕"，带负电荷的电子则像葡萄干一样镶嵌在蛋糕里面。不过，葡萄干蛋糕模型的好景不长，很快就被汤姆森的得意门生卢瑟福否定了。

达尔文：创立演化论

1809 年 2 月 12 日是个特别的日子，这一天世界上有两位名人诞生。一个是美国总统兼政治家林肯，另一个是诞生于英国的查尔斯·达尔文（1809~1882）。林肯在南北战争中获胜，解放了奴隶，废除奴隶制；达尔文是一名博物学家、地质学家和生物学家，以其"进化论"而闻名世界。林肯改变了美国，达尔文改变了世界！

进化论不是一个很合适的名词来表达达尔文物种变化的理论，因为会产生误解，以为此种变化有一定的方向和目的，与"进步""低级到高级"这些概念联系在一起，这是与达尔文的原意不一致的。所以，应该改用"演化论"来表述更为合适。

从地质到生物

达尔文首先是一名博物学家。中文语义下的"博物学家"这个词，来自于英语中的 naturalist，也可译为自然历史学家，通常是指在与生物、地质、生态和动物行为等相关的自然历史和自然科学领域探索实践的学者专家[14, 15, 16]。

达尔文的祖父是生物学家，是个"半无神主义"者，不相信《圣经》，也曾经研究过生物的演化，与达尔文后来的研究方向也许有点暗在的关联。达尔文的母亲 44 岁生下达尔文。达尔文的父亲是当地小有名气的医师，希望达尔文继承他的事业，也当医生。但查尔斯·达尔文对学校教育并不十分在意。他酷爱大自然，神秘的大自然令他心驰神往，那里似乎隐藏着无限奇迹。他从小就喜欢寻找和辨别不同的岩石和矿物，喜欢收集贝类、昆虫、鸟蛋。在达尔文 17 岁时，他父亲送他到爱丁堡大学读医科。但是，达尔文不喜欢医学，尤其讨厌用尸体做实验，大学时代，他也继续痴迷于儿时的爱好：收集昆虫标本、狩猎、抓甲虫、玩花草等这些大自然中的活动。

有一个流传很广的、达尔文痴迷不倦抓甲虫的笑话：达尔文走在路上，抓到了两只不同的新种类的甲虫，兴奋无比，左右两手各握一只！不想突然又发现了第三只不同的，为了空出右手去抓第三只，只好将一只暂时放进嘴里，没想到那只甲虫刚到嘴里便放了一个臭屁，使达尔文难以忍受，忙乱中嘴一张手一松，两只甲虫都跑了，只剩一只虫还加上满口的骚气，令达尔文又难受又遗憾，沮丧不已。

达尔文的名字是与《物种起源》和生物演化论密不可分的。因此，在大多数人的概念中，达尔文是伟大的生物学家，但实际上，在他做生物研究之前，已经是一名颇有名气的地质学家了。并且，达尔文演化论的思想，主要是来自于他那五年间随着 "小猎犬"（贝格尔）号军舰进行的一趟科学考察之行。而他之所以被舰长看中，也是由于他自称是地质学家，当年的海军部正好希望在 "小猎犬" 号科考人员中有一名受过地质学训练的人！考察回到英国之后，他的地质学相关的《"小猎犬"号科学考察记》早于他所有的生物学著作，率先问世。

达尔文登上"小猎犬"号的时候，舰长亲自送了他一本《地质学原理》。在环球之旅期间，他认真仔细地研读了这本书，并把书中的原理运用到他的环球考察实践中。

达尔文的地质学知识，有助于他发现演化论，是他得到演化论的思想基础之一，因此，在达尔文的《物种起源》初版14章中，有两章是专门讨论地质的。

环球旅行

达尔文开始是在爱丁堡大学学习医学。那时他对自然史产生了浓厚的兴趣，而对医学则日增厌倦情绪。后来终于如愿以偿摆脱了医学，转到剑桥大学学习神学。年轻时的达尔文是个身强力壮、精力充沛的美少年。高高的身材，饱满的额头，炯炯有神的眼睛，浅棕色的头发，很得教授们的好感。在剑桥达尔文结识了两位颇有影响力的科学家，植物学家约翰·亨斯洛（1796~1861）和著名的博学通才威廉·休厄尔（1794~1866），尤其是亨斯洛，他传授给达尔文许多关于植物和昆虫的宝贵经验和知识。

达尔文后来说，亨斯洛及另一些教授的友谊使他受益匪浅，让他能以全新的方式看待科学，使他认识到，一名科学家，不应该只是记录事实，更应当寻求隐藏其后的规律模式。

特别是那次彻底改变了他的生命历程的、乘坐英国军舰"小猎犬"号的五年环球旅行的千载难逢的机会，也是亨斯洛推荐给他的。

1831年，为了改进海军使用的航海图，英国政府派遣军舰"小猎犬"

号往南美洲进行一次环海考察，船长罗伯特·菲茨罗伊受命考察几乎与世隔绝的加拉帕戈斯群岛。然后取道太平洋、印度洋返回英国。"小猎犬"号的船长罗伯特·菲茨罗伊，26岁，需要物色一名陪他一同航海的旅伴，并要求必须是一位绅士。得知这个消息后，亨斯洛推荐了达尔文，因为这是博物学家研究地球各个角落求之不得的好机会！达尔文幸运地被船长选中，作为地质学家和生物学家去各个海岛，考察地质结构、观察生物现象。

如今看起来，"小猎犬"号旅程漫长，船却很小：船仅长27米左右，要载运74人。达尔文住在小船舱的一角，小到只能睡在一张吊床上。但远航的激情大大战胜了困难，达尔文在给亲友们的信中难掩兴奋之情，他热情赞扬菲茨罗伊是一位"理想"的船长。但实际上，"小猎犬"号的船长是一位傲气十足、喜怒无常的人。他想为这个好几年的旅途找个伴儿，要求对方对自然科学感兴趣，同时不被其他事情牵扯，只需要在旅途上观察新的植物、动物、地貌即可。这样才找上了达尔文。

他们离开了英国，穿过北大西洋到巴西，到了南美洲东岸，然后到智利、秘鲁。南美洲沿岸考察是"小猎犬"号的首要使命。此任务结束后，"小猎犬"号用了五个星期的时间访问由若干个小岛组成的加拉帕戈斯群岛。这个小岛天气温和，食物充沛，特别有意思的是，这里的动物一点儿也不怕人，这大概是由于环境偏僻缺乏天敌造成的。

达尔文是一个真正善于观察的实验主义者，热衷于观察和收集。例如，据说达尔文曾经把一只海蜥蜴捡起来扔进水里，等它爬上来，再捡起来扔进水里，以反复观察其行为。后来，达尔文去骑加拉帕戈斯象龟，发现这象龟走得非常地慢。总之，他被岛上的许多独特物种所吸引，并发现这个小岛上的生物，与相差不到一百公里、自然条件几乎完全一样的邻近小岛上的同类生物，有很大的差别。岛与岛之间，象龟甲壳的形状也各不相同。这些事实深深地打动了达尔文，他开始思考：为什么会呈现出如此的不同？这些变异说明了什么？

达尔文观察最多的是岛上的雀鸟，他发现了13种近缘的雀鸟品种，后来它们被称为达尔文雀。如今证明，这十几种鸟是在短短的150万年间由同一个祖先演化而来的。当年的达尔文被这些特有的雀鸟迷住了，他观察到它们的相异点。例如，他观察到它们的嘴巴，发现嘴巴有大的有尖的。他接着观察嘴巴大的鸟喜欢吃什么，嘴巴尖的喜欢吃什么。于是，他发现：尖嘴巴的喜吃仙人掌的各个部分，大嘴巴的爱吃多年生草本的种子，吃仙人掌的需要用尖嘴从果实中获取果肉或种子，嘴巴便愈啄愈尖。而另一些雀鸟喜欢吃种子，就需要强有力的嘴巴，才能磕开一些种子坚硬的外壳，这样，嘴就会愈来愈大。

换句话说，两种雀鸟嘴巴的差异原来可能不是这么大，但因为生活环境的生态不同，使得它们形态改变，这是达尔文看到的第一个有趣现象：生态的改变造成生物的形态改变，继而形成不同的种类。当然，除了嘴巴大小的差异之外，达尔文也观察到这些鸟儿在体型等方面的不同，这些不同也能够很好地被不同岛上的地形、气候等原因解释。达尔文对这群雀鸟的观察研究，激发了他对演化论的构思，因此后人将这群雀鸟命名为"达尔文雀"。

"小猎犬"号离开加拉帕戈斯群岛后，在1835年10月开始漫长的返航，途中经过新西兰、澳大利亚等地。达尔文又兴致勃勃地在太平洋和印度洋考察了潟湖和珊瑚礁；在澳大利亚的河流中观察了一对嬉戏的鸭嘴兽，在大西洋阿森松岛观测火山等。

这五年难得的经历，为达尔文的演化论积累了丰富的资料。

恋爱和婚姻

达尔文的初恋，名叫范妮，是达尔文姐姐们的闺蜜。当达尔文从爱丁堡医学院转学到剑桥大学之前，迷上了这个"伯明翰最漂亮、最丰满和最迷人的姑娘"，激发出达尔文一生中对女人最大的激情。但达尔文过分痴迷于寻找甲虫、采集标本一类的活动，没过多久对范妮的激情就开始消失。达尔文爱科学胜过爱范妮，对甲虫、花草之类的痴情，超过了男女之情！范妮深深地感受到这点，也经不住别的爱慕她的男人的追求，与一个牧师订了婚约。虽然后来解除了这个婚约，但达尔文已经在1831年乘"小猎犬"号扬帆起航，准备去周游世界了。

当"小猎犬"号抵达里约热内卢时，达尔文得知范妮已经与一个富裕的政客订婚，心中痛苦不已。但一切已经太晚，达尔文最终也无法放弃他热爱的科学考察活动，继续随船远航，只能眼看心爱的女人嫁给了别人。据说范妮的婚姻生活非常悲惨，丈夫是一个极其自私的人。

达尔文1836年功成名就，回到英国，继续他的科学研究。过了两年，达尔文开始认真考虑是否结婚的问题。他列出了结婚的好处和坏处，好处是有孩子，有人管家，有人做伴，"胜过一条狗"，等等；坏处是失去了旅行的自由，浪费时间，必须访亲问友，买书的钱会减少，等等。最终，他认为结婚好处多于坏处。于是便选中了他有多年友谊关系的表姐爱玛作为对象。接着，便是求婚结婚的具体过程。达尔文是有钱的富家公子，衣食不愁，从此便整天待在家中做科研，爱玛生儿育女相夫教子，一家子幸福温馨，其乐融融。1839年，达尔文的第一个孩子出生，让达尔文笑开了花。并且，达尔文像观察雀鸟一样观察这个小生命，记录下孩子的动作和面部表情，与动物的行为和表情作比较。爱玛为达尔文总共生了10个子女，不过夭折了3个。

达尔文与爱玛之间不见得有多少爱情，但是婚姻美满稳定。并且，达尔文自己家庭富裕，太太家里又更有钱，所以他从此可以安心做研究，自我陶醉于科学。不过，达尔文从30岁左右开始，健康状况就不佳，备受某种无名疾病的折磨，经常出现胃疼、头痛、恶心、呕吐等症状，每天只能工作两三个小时。

疾病也有"好处"，使得达尔文有空闲专心思考他的理论。他大多数时间待在家中，如同过着隐居的生活，主要靠通信与外界联系。达尔文进行少量实验和大量的著作，为生物学做出了多方面的贡献。他与友人留下了大约一万五千封信，这些成为后人研究演化论的宝贵资料。

疾病的折磨使达尔文未老先衰。有点驼背，加上经常留着满脸的大胡子，给人以苍老的印象。

爱玛是虔诚的基督教徒，很担心达尔文不信教进不了天堂，对此经常规劝他，但始终没有说服达尔文。对达尔文来说，科学的力量超过了信仰。

达尔文之前，已经有人有了演化的思想。但大多数博物学者相信物种是不变的，并且是分别创造出来的。这其中很大成分是受了基督教创世学说的影响。十分庆幸，达尔文并不信基督教，而且由于对演化论的研究和思考，他的想法离宗教越来越远，因而最后才能创立出彻底革命的演化论。

也正是因为宗教的势力强大，使得达尔文之前的具有演化思想的学者十分谨慎地对待"物种变化"这个问题。近代学者中，比较坦然以科学态度讨论这个问题的，有两位法国博物学家：布封（1707~1788）和拉马克（1744~1829）。

布封是博物学家，也是文笔优美的作家，他人性化地将各种动物描述得惟妙惟肖。例如，他的"马"被选入语文教材。布封的这个本事使得他作为作家的身份，比作为一个博物学家，更受人们喜爱。

布封以唯物主义观点解释地球形成和人类起源，寻求地面变迁的根源，开创现代地质学。他认为地球是冷却的小太阳。在物种起源方面，他认为地球上物质演变产生了植物和动物，最后有了人类。因此，达尔文在《物种起源》[17]导言中，称布封"是现代以科学眼光对待这个问题的第一人"。

1749年，布封写了一部《博物志》，是当时包罗万象（地球、人、鸟、爬行动物）的历史的博物志。当年一出版，就轰动欧洲学术界，也被巴黎大学神学院指控为"离经叛道"，要求给以"宗教制裁"。布封在书中提出了许多有价值的创见，为后来的如达尔文这样的博物学家点灯引路。

有趣的是，布封实际上为了掩人耳目，已经在《博物志》一书中暗藏了手脚。他经常抬出上帝的名字。不过，他背后悄悄对人说："只要把这名字换掉，摆上自然力就对了！"

布封只提变异的个体事实，尚未有系统的假说，更没有探求变异的原因和途径，后来的拉马克稍微更进了一步，提出生物进化的学说，算是演化论最早的倡导者和先驱。事实上，达尔文祖父辈中的伊拉兹马斯·达尔文，与拉马克是差不多时代的人物，他对化石和博物学有浓厚的兴趣，并提出了物种进化的粗略观点。这些前人的思考，对达尔文演化思想的形成应该都有影响。换言之，达尔文最后奉献给人类的演化论，是许多科学前辈的演化思想，在达尔文手中提炼结晶的结果。

达尔文的祖父伊拉兹马斯还是英国皇家学会的会员，从他开始，达尔文家族六代人中，有十名皇家学会会员。这个颇具科学传统的家族中，相对祖父的成就而言，达尔文不愧为一个"青出于蓝而胜于蓝"的优秀子孙。

达尔文随"小猎犬"号航海归来后，再也没有离开过英国。但他在思想上反复进行第二次及多次旅行，平静地查看旅行记录，回忆当时的所见所闻，思考他的理论，开始认真研究有关物种起源的问题。这时候，演化的思想已经基本成形，达尔文早已信服物种是随时间的变化而变化的，关键是需要更多的论据。

记录地球历史的化石，为达尔文提供了生命消亡的证据，活着的物种是已灭绝物种的后代。此外，许多活着的动物身上，仍然残存着退化了的、无用处的器官，例如，一些不能飞行的鸟类身上，有无用的退化了的翅膀，说明这些不能飞行的鸟，是古代某种用翅膀飞行的鸟类的后代。

达尔文借助自己和"小猎犬"号其他收集标本的人的回忆和记录，思考和研究加拉帕戈斯群岛的雀鸟，认识到它们是理解物种变化的关键，是解开演化之谜的一把钥匙。达尔文设想，不同岛屿的不同种类的雀鸟，都是南美大陆飞来的一对雀鸟的后代。地域的分隔使得雀鸟产生变异，为了适应不同岛屿的不同生态环境，演化成了十几种不同种类。1837年，达尔文开始第一本物种演化笔记的写作。

达尔文整整花费了十年的光阴，整理五年航海的成果。在完成了一系列报告之后，达尔文写信给导师亨斯洛："你怎么也想象不出，当我结束所有关于'小猎犬'号考察的材料时，是多么地快乐！多么地高兴！"

物种不是被独立创造出来的，是从其他物种传下来的。并且，它们随着时间而变化。这些都是确定的事实。但这样一个结论即使很有根据，还不能令达尔文满意，除非我们能够阐明这个世界的无数物种怎样发生了变异。科学研究需要见微知著、由表及里！达尔文要进一步探求的是，物种为什么会变化？变化背后的推动力是什么？以前的博物学者们把变异的唯一可能原因归诸外界条件，如气候、食物等，达尔文认为光有这些原因是不够的。

最后，是来自于马尔萨斯《人口论》的启示，使得达尔文灵感喷薄，帮助达尔文解开了演化之谜的重要一环。达尔文将马尔萨斯的论点应用于动植物世界，具有无可比拟的意义！或者说，这就是达尔文久欲寻求的那种使得物种变化的力量。

马尔萨斯（1766~1834）实际上是一位英国经济学家，从经济的角度研究人口发展规律，于1798年（时年32岁）时，发表了他的代表作《人口论》，那时候，达尔文还没有出生。再过11年，在马尔萨斯43岁的时候，达尔文才来到这个世界。达尔文远航考察归来之时，马尔萨斯已经去世了。虽然同是英国人，两人很少有交集，不太可能见过面。

但马尔萨斯的理论却给了达尔文灵感，使他完成了自己整个学说的最后一个基点，这也可以说是科学史上一段奇迹，说明不同学科的思想是如何彼此渗透、相互影响的。那是1838年夏天，达尔文阅读马尔萨斯的《人口论》以资消遣，读着读着，感觉茅塞顿开，恍然大悟："马尔萨斯描述的随处可见的生存竞争的事实，就是我长期寻求的答案啊！"

马尔萨斯认为：不加限制的繁衍生育，导致人口过度增长，造成食物供给不足。因此，生命是一场为生存而进行的斗争。某种"选择"法则，例如战争和饥荒，能使得一部分人死掉，剩下的另一部分人便能得以存活并繁衍。

达尔文长期观察动植物，当然不难认识到：在马尔萨斯描述的某种环境下，有利的变化势必保存下来，而不利的归于消灭。结果便是新种的形成。达尔文将马尔萨斯这种物竞天择的思想，和自然界物种不断变异的现实，结合在一起，完成了他的理论：演化论和它的运行机制。

达尔文把这种机制命名为"自然选择"，与动植物培育者进行的"人工选择"相对应。并且，在马尔萨斯理论的启迪下，达尔文相信，自然选择是变异的最重要的途径，虽然不一定是唯一的途径。

为了看清自然选择的作用机制，达尔文也仔细研究了人工选择，观察家养动植物的有控制的繁殖过程。例如，养牛者通过大个公牛和母牛的交配，孕育出大个子的小牛。还有，务农者通过有控制的交配，可以不断地培育出新的动植物品种。

绅士风度

达尔文在 1837 年结束"小猎犬"号的环球航行后，1838 年就基本得到了演化论思想，但他按兵不动，没有打算立即发表他的理论。

达尔文 20 年如一日，潜心科研，不知不觉就到了 1856 年。这时，一位年轻的英国博物学家拉塞尔·华莱士（1823~1913），提出了和达尔文的自然选择观点大体一致的理论。华莱士在《博物学记录》发表了一篇《论支配新种引进的法则》，初步表达了自己对物种问题的见解。

这两位科学家学术研究上的"巧合"使我们想起另外两位英国科学家的一段长久的公案：牛顿和胡克的万有引力定律，或者具体说，其中的平方反比律之争。那是比达尔文时代早两个世纪左右的事，最后以更有权威的牛顿的全面胜利告终。

令人大开眼界的是，达尔文和华莱士这两位科学家，并没有产生公案，他们反而互相谦让，因此而结下了深厚的友谊，充分体现了达尔文这个英国绅士的风度和高尚的学术品格。

达尔文的好友莱伊尔在阅读华莱士的文章后，立即和达尔文讨论，但开始时达尔文并不在乎。不过达尔文和华莱士两人很快取得了联系。

那时华莱士还远在马来群岛，主动为达尔文提供帮助，收集一些物种的材料。达尔文称赞华莱士的标本采集工作，鼓励华莱士提出自己的理论，后来两人又对一些相关问题进行了探讨。

虽然达尔文认为自己 20 年的创造有可能会一无所得，但他还是建议华莱士发表自己的观点。于是莱伊尔提出解决办法，就是达尔文和华莱士联合宣布他们的发现。最终，在 1858 年 7 月 1 日的林奈学会上，达尔文和华莱士的论文被一起发表，莱伊尔和胡克对此做了清楚的说明。而华莱士也表现了宽容大度的品质，他认为，能够与达尔文这位著名的博物学家一起发表论文是他的荣幸，达尔文也因此对华莱士表示感谢。

尽管华莱士提出的进化机制也基于自然选择，但两人的实际观点仍然是有重要区别的。后来，二人又在关于人类大脑演化问题上产生分歧，展开了争论。华莱士逐渐走向了唯灵论，认为人类大脑的演化是受一种更高的精神力量的指引，与自然选择的关系不大。达尔文不赞同华莱士的观点，在往来信件中说道："我希望你不会太彻底地谋杀你和我的孩子。"

两人思想上有所分歧，但结下的深厚友谊不变。华莱士始终认为自己是一个达尔文主义者，同样，达尔文不仅仅学术上和华莱士交流，还在生活上帮助华莱士。华莱士出身贫寒，达尔文说服英国政府支付华莱士一笔不菲的年金，最终解决了华莱士的生活困境。

达尔文和华莱士体现出 19 世纪英国杰出科学家的高尚学术品格，两个人伟大长久的友谊，为世人称颂。

孟德尔：豌豆实验探遗传

1900 年春天，欧洲发生了一个轰动生物学界的重大事件，三位科学家几乎同时宣称"重新发现了孟德尔遗传定律"！这个说法令人困惑：孟德尔定律是在 1865 年由孟德尔从他的豌豆实验中总结出来的，何谓"重新发现"呢？原来这儿有长长的一段故事。

艰苦的求学生涯

孟德尔（1822~1884）和达尔文几乎可以算是同时代的人物，但是他们的出身差别很大，命运也很不相同。达尔文是富家公子，不劳动也有书读有饭吃。孟德尔则出生于当年奥地利西里西亚（今属捷克共和国）附近一个贫苦的农民家庭，没有显赫家世，没有优越环境。贫穷使他难以维持求学生涯，最后是靠着做家庭教师才完成了大学的学业，大学时学习理论哲学和物理学。

毕业后，孟德尔放弃结婚生子的权利，决定进入一个修道院担任神职，开始做修士，后来被任命为神父。没想到这个职位不仅给他提供了稳定的谋生的物质基础，还使他有了一个进行科学研究的小天地！

修道院里正好有个小小的植物园，修道士们在讲道之余，也喜欢在

图 14—1：孟德尔和修道院

那儿种点花花草草，孟德尔因为是农家出身，从小就对农业栽培有兴趣。

在修道院任职期间，孟德尔也曾经热衷于成为一名合格的高中教师，但后来因为几次都未通过教师资格考试而作罢。修道院院长纳普与其他专注于天主教的人士不同，他是农业学会的主席，也喜欢科学发现，所以孟德尔与他很快就成为了朋友。在纳普的支持下，孟德尔对动植物育种实验产生兴趣。他饲养了几种动物，在小植物园里种了一些植物。但后来主教听说僧侣们正在做繁殖实验，尤其是动物，认为这与性行为有关，太过分了！主教便阻止了修道院僧侣们的实验。聪明的孟德尔很快与主教达成协议，停止动物繁殖实验，但继续进行植物实验。

之后，1851 年，在纳普的赞助下，孟德尔被送往维也纳大学学习，以便接受更多的正规教育。在维也纳，孟德尔攻读遗传学三年，并受到物理、化学方面的精密思考方式和实验技术的熏陶，这使孟德尔的遗传研究受益匪浅。当时教授孟德尔物理学的是克里斯蒂安·多普勒。

孟德尔毕业后回到修道院。1867 年，他取代纳普担任修道院的院长，并且继续进行植物、动物、气象方面的研究。

豌豆实验

1856年，孟德尔开始在修道院做豌豆的杂交实验。他当时的目的是为了选择优良的豌豆品种。后来在对遗传特性好奇心的驱使下，一步一步地深入下去，发现了隐藏于大自然中的遗传规律。孟德尔首先从许多种子商那里，弄来了22个品种的豌豆用于实验。它们都具有某种可以相互区分的稳定性状。

当时的遗传学中有两种观点：占主流的"融合遗传观"和少数人支持的"颗粒遗传观"。前者认为，遗传物质是一种液体状的、无法分开的东西，父母的遗传物质在后代体内彼此融合后便不能分开，好比红墨水与蓝墨水混合起来，原来的颜色就没有了。

孟德尔受到最新原子学说的启发，思想偏向颗粒遗传，但他用原子的观念对遗传机制进行大胆设想。因为化学反应的最小单位是具有独立性的原子，它们不会因反应而失去自己的性质。遗传物质有可能也类似于原子，实际上，可以将其称为"遗传因子"，这些遗传因子传给子代以后仍然是独立的，通过随机的结合和分离表达出各种性状。因此，可以计算出杂交后代中遗传因子的概率性组合情况，这个想法使孟德尔将统计方法首次应用于杂交实验当中。进行了8年的实验，对大量的后代进行数据统计后，孟德尔得到了两个重要的遗传定律：分离定律和自由组合定律。

孟德尔是如何做他的遗传实验的？他首先选出了7种容易仔细观察的豌豆（植物）的性状：种皮形状、子叶颜色、豆荚形状、豆荚颜色、花的位置、花色、高矮，即作为七对二元性状。然后，孟德尔通过辛勤劳作人工培植这些豌豆，对不同代的豌豆的性状和数目进行细致入微的观察、计数和分析。

此外，还得准备好每种性状的纯种豌豆。纯种的意思是说所有后代只具备某一种性状：纯种红花豌豆的后代永远开红花，纯种白花豌豆的后代永远开白花……

孟德尔第一定律

然后，孟德尔选取1对性状，观察它的杂交后代情况。例如，对"花色（红、白）"这组性状，孟德尔选择红花和白花两组纯种豌豆，将它们杂交，得到第一子代。结果发现第一子代全部都开红花。这是怎么回事呢？白花的"遗传因子"消失了吗？不一定，如果再将这些杂交第一子代的种子再次杂交就会发现，开白花的豌豆又出现了！这说明什么呢？说明"白花遗传因子"并未消失，只是"隐藏"起来了而已。所以，孟德尔认为，"白花"是隐性因子，"红花"是显性因子，只有当两个因子都是那个"隐性因子"时，隐性因子对应的性状才表现出来。

图14—2中的亲代（父母代），是纯种白花和纯种红花，将这两种杂交后的第一子代，只是（红白、白红）两种相同的组合方式（实际上是1种），因为红色是显性，所以第一子代看起来全是红色。然后，将

这种豌豆自我授粉，便会产生 4 种组合（红红、红白、白红、白白）；因此，3 种情形开红花，1 种情形开白花。根据统计规律，红白的比例是 3:1，这便是孟德尔第一定律，也称"分离定律"。

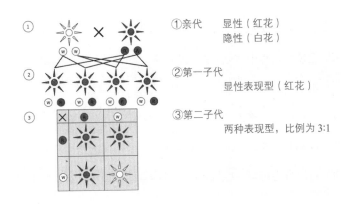

①亲代　　显性（红花）
　　　　　隐性（白花）

②第一子代
　　显性表现型（红花）

③第二子代
　　两种表现型，比例为 3:1

图 14—2：孟德尔第一定律（图像来自维基百科）

分离定律是从单一性状（以上例子中指"花色"）的杂交实验中得出来的。指的是具有两个相对性状（如红、白）的亲本 P_1（AA 显性）和 P_2（aa 隐性）产生的第一子代仅表现 P_1 性状；第二子代既有 P_1 的也有 P_2 的性状，并且出现 P_1 与 P_2 性状的比例为 3:1。这个定律反映了在每一代遗传过程中，一对遗传因子，即现在所说的"基因"（AA 或 aa），会互相分离并重新组合的规律。

孟德尔第二定律

实际上，孟德尔在豌豆实验中选取了 7 种性状，"花色"只是其中 1 种。

为什么需要这么多种性状的豌豆做实验呢？因为孟德尔要研究各种性状的基因在遗传过程中是否会互相影响的问题。他要在分离定律的基础上，继续观察两对遗传因子同时存在的情况下，后代如何表现。两类性状是一块儿传递，还是分开独立无关地进行传递？

这儿我们略去孟德尔实验的具体细节不谈，只说他的结果：不同性状的基因在遗传过程中是独立的，互相不干扰。这便是孟德尔第二定律，也称"自由组合定律"。

也可以这样更简略地理解孟德尔的两个定律：分离定律表明的是一对基因可以相互分离，自由组合定律则证明了不同的基因之间也是相互独立的，可以自由组合。也就是说，基因有些类似于化学反应中的"原子"，是独立存在的，且在遗传过程中不改变，只是重新组合而已！

孟德尔进行了 8 年的豌豆实验。8 年的时间听起来挺长，但生物遗传实验是需要一代一代进行的，8 年也种不了很多代豌豆。孟德尔能从这几代的结果中，分析总结出这么两条著名的遗传定律，实属不易。

笔者揣摩当年孟德尔应该是已经有了"独立而互不影响"的基因模型，思想上已经构成了两条遗传定律的猜想，然后，颇具匠心地选中了好材料——豌豆，又再精心设计了用这 7 种性状的豌豆来进行多代实验，才能得到如此辉煌的成果。

统计方法的胜利

如今分析孟德尔的成就在两方面：一是上面所介绍的，他建立的遗传定律；二是他首次将统计方法用于生物研究。在某种意义上，可以不夸张地说，他的成功是统计方法的成功。

为什么需要统计方法呢？比如说，分离定律中在第二子代时得到两种表现型的比例是3:1，这个比例不是从观察几棵豌豆植株就能看出来的，而是需要观察大量样本才能得出的结论。

下图的最后两行，是孟德尔当年的实验数据中所用的样本的数目和得到的比值。从图中可以看到，这个比值是样本数很多时得到的统计数值，它不是精确的3:1，而是一个近似值，样本数越多，得到的近似值就越准确。

亲代杂交		F₁	F₂	性状分离比
	×		705 紫色 224 白色	3.15 : 1
	×		651 腋生 207 顶生	3.14 : 1
	×		6022 黄色 2001 绿色	3.01 : 1
	×		5474 圆 1850 皱	2.96 : 1
	×		882 平滑 299 皱缩	2.95 : 1
	×		428 绿色 152 黄色	2.82 : 1

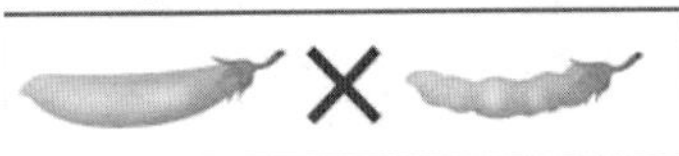

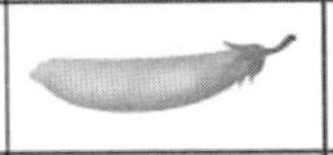

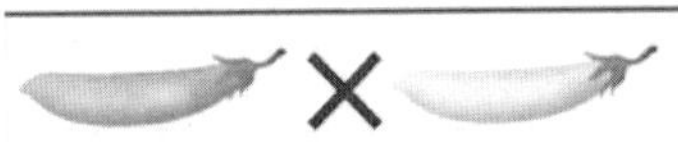

图14—3：孟德尔豌豆杂交实验中其他六种对比性状的实验数据
（图像来自维基百科）

例如，孟德尔研究分离定律时用 15 棵植株作为亲本，它们所产生的杂种第一代是 253 株，253 个杂种一代的个体结出 8023 粒种子，其中 6022 粒为黄色，2001 粒为绿色，它们之比为 3.01∶1，近似于 3∶1。

研究自由组合定律比研究分离定律所需的植株数目要多得多。例如，孟德尔使用了 7 对性状的豌豆，如果让它们两两杂交，可以得到 $2^7 = 128$ 种组合。为了验证自由组合定律，孟德尔考察了 27,225 棵植株，繁殖豌豆产生的后代（植株）数，随着 8 年内繁殖代的数目的增加以指数级增长。每棵植株上，还要结出许多豆荚，成百上千颗豌豆。即使第一年从几十棵植株开始，繁殖 8 代后，以指级数增长的后代植株数也非常可观，豌豆数目就更可观了。例如，假设从 10 棵植株开始，$10^8 =$ 100,000,000，这个数目的大小可以给你一点指数增长的概念。

数目可观不是坏事，那正是孟德尔研究遗传定律所需要的。问题是处理这大量的"实物"和大量的"数据"都是令人头疼的事情。处理大批实物只能靠无比的耐心和严谨的态度，处理大批数据便得靠统计分析的数学工具。

孟德尔显然是喜欢数学分析方法的，这点不像达尔文，据说达尔文曾称：数学对于生物来说，是木匠铺里用剃刀。这也可能与孟德尔在维也纳大学所受的物理化学及统计方法之训练有关。总之，他的成功与在维也纳大学所学紧密相关：一是原子论，二是统计方法。

走运和不走运

孟德尔的豌豆科研实验可以说进行得很完美，完美得甚至使后人怀疑有"造假"的嫌疑。实验结果完美之原因除了孟德尔的天才智慧加勤奋努力之外，也有"走运"的因素。

现代遗传学中有三大基本遗传定律，孟德尔做了 8 年的豌豆实验发现了其中两个，显然是一个惊人的成就。另一个遗传定律"连锁与互换定律"，是美国生物学家与遗传学家托马斯·摩尔根（1866～1945）于 1909 年发现的。摩尔根在对黑腹果蝇遗传突变的研究中，首次确认了染色体是基因的载体，发现了遗传连锁定律，因此荣获 1933 年诺贝尔生理学或医学奖。

所谓连锁互换定律，指的是原来为同一亲本所具有的两个性状，在第二子代中常常有联系在一起遗传的倾向，这种现象称为连锁遗传。连锁遗传定律的发现，证实了染色体是控制性状遗传基因的载体。

由于连锁与互换定律，使得两对性状遗传的结果，有的符合独立分配定律，有的不符合。摩尔根以果蝇为实验材料进行研究，确认了连锁遗传的存在。孟德尔在豌豆中所观察的 7 对性状，正好分别位于豌豆的 7 条染色体上，所以才没有出现连锁现象。由此孟德尔才顺利地、"幸运地"，得到了他所预料的结果：自由组合定律。

孟德尔为科学奉献一生，但他辛苦所取得的研究成果却无人问津甚至被埋没。孟德尔将物理学追求简单性的思想用于生物学研究之中，又从原子观念中推断出遗传因子的概念。也许因为他当年（1865 年）发表的论文，结果过于离奇，使用的组合数学统计方法过于新颖，因此不被那时的生物界人士所理解。

不过，孟德尔自己清楚他的发现将具有的划时代意义，他晚年曾经充满信心地对好友说："看吧，我的时代来到了。"只是这句伟大的预言来得太晚了。

直到他的理论发表 35 年后，到了 1900 年，另三位植物学家同时独立地得出了与孟德尔同样的结果。孟德尔的杰出工作才开始得到认可和承认。

也就是所谓的：孟德尔定律被三位学者"重新发现"！

1900 年之后，孟德尔得到了他从未享受到的荣誉，但那时他已经去世 16 年了。之后，人们将孟德尔提出的"遗传因子"称为基因，基因概念就此成为遗传学的中心概念，如今更是一个妇孺皆知的名词。

基因时代已经来临了，孟德尔的预言成真！

特斯拉：被时代遗忘

现在，一提到特斯拉，人们首先想到的是马斯克创建的美国汽车公司，以及它生产的自动驾驶电动汽车。

并非很多人知道特斯拉也是个发明家和科学家的名字，因为这位电气工程师，美籍塞尔维亚人尼古拉·特斯拉（1856~1943）[18]早已被人遗忘，被时代所遗忘。

过去，人们对特斯拉的故事所知不多，几年前，这个天才倒是被媒体发掘出来过，似乎成了众人心中的科技之神！特斯拉传奇坎坷的一生，被文学艺术人士及传媒界极力渲染，蒙上了许多神秘色彩。有人把他描述成一个具有特异功能的超人，甚至怀疑他是来自外星球的高等生物，又怀疑地球上发生的许多神秘事件，都与他的研究有关……在此，让我们为这个伟大的学者写上一节，脱去神秘外衣，还其真实本质！

天才为电而生

科学界曾经有过两位旷世天才：达·芬奇和特斯拉。达·芬奇为永恒的艺术而生，也不乏科学成就和发明创造。特斯拉为电而生，他发明构思的交流电系统，使人间大放光明！

著名的美国发明家爱迪生（1847~1931）的名字家喻户晓。他超过一千项的发明专利，无时无刻不在造福于人类。家家户户都有的电灯泡，就是最简单而普通的例证。

过去，有人说，如果没有爱迪生，也许人类还只能用烛光照亮黑夜。

其实，人们可以说，如果没有爱迪生，还有特斯拉呢，特斯拉才是上帝派给人类的普罗米修斯，电气电子之神！

也许，即使没有爱迪生和特斯拉，还会有别的什么人啊，人类社会是一定会向前发展的，是时势造英雄，而不是英雄造时势！

然而，历史没有"如果"。在无线电通信和电力系统发展的过程中，我们既有爱迪生，又有特斯拉，上帝给人类派来了两位伟大的发明家。不过，爱迪生只是发明家，特斯拉既是发明家，也是科学家。在物理教材中，便会经常提到 Tesla 的名字。那是在电磁学中，度量磁感应强度的一个单位（T），它的来源正是为了纪念作为一名科学家的特斯拉！

上帝说，要有光！于是便派来了牛顿。上帝说，要有电！于是便派来了特斯拉！据说，在爱迪生 9 岁的那一年，尼古拉·特斯拉，随同一道闪电来到了人间。

小特斯拉聪明过人，据说他会说八种语言，记忆力超强，能把整本书背诵下来！三岁时，特斯拉用手抚摸他的宠物猫，突然看到一道细微闪光穿过手掌与猫之间，随即给手上带来一阵奇怪的麻感。父亲告诉惊魂未定却又固执地不停问"为什么？"的儿子，那是电，和天空打雷时一样的电！小特斯拉心里想：和打雷闪电一样！难道天地宇宙是一只大猫吗？如果是一只大猫，又是谁在抚摸它呢，是上帝吗？太多的疑问，纠结着这个不停思考的孩子。从此，电这个名字，深深地刻在了特斯拉的脑海中；从此，孩童和少年时代的特斯拉经常出现幻觉，眼中总是看到火花电光闪烁一片。

特斯拉一生未婚，却与电结下不解之缘。他用旋转磁场的方法改进马达，他发明交流电系统以及三相交变电机，开启了人类的电气时代；他创造第一台无线电遥控机，发明特斯拉线圈，制造人工闪电。他研究全球无线供电系统，他不愧为电气化领域的先驱，是一个为电而生的天才。

英雄为电而战

1884 年，特斯拉带着他的美国梦，从巴黎来到纽约，一路上钱和车船票全被小偷偷走了，口袋里只剩下 4 美分，他慕名投靠到已经大名鼎鼎的爱迪生门下。

两年前，1882 年 6 月 17 日的晚上，万籁俱寂、悄夜无声，天上几点星光闪烁，曼哈顿富人区的仆人们正在慢慢地、一盏一盏点亮家中的蜂蜡蜡烛和煤油灯。突然，位于第 36 街麦迪逊大道上的意大利式摩根豪宅，二百多只灯泡同时亮了起来，宝石一般柔和明亮的灯光，像奇迹一样，照亮了这位开明的华尔街金融大亨新家的每个角落！是爱迪生，这个新泽西门罗公园的奇才，用他的白炽灯泡和华莱士的直流发电机，第一次点亮了曼哈顿！

当特斯拉来到时，爱迪生正在将他的直流供电系统从曼哈顿向各地延伸。爱迪生称特斯拉为"我们的巴黎小伙子"，并且立刻发现这个塞尔维亚裔的年轻古怪工程师是个很有用的人才。爱迪生对特斯拉委以重任，让他去改良很不完善的直流供电设备，并口头承诺5万美元的奖赏。特斯拉兢兢业业地工作，不到一年就设计出了24种不同的机器来取代旧机器。但是当他向爱迪生提到承诺的奖金时，得到的却是爱迪生轻飘飘的一句话："啊，你太不懂我们美国式的幽默！"

不仅仅如此，特斯拉当时太天真了，实际上，他连周薪从18美元涨到25美元都很难争取到，却异想天开地指望爱迪生会给他几万美元的奖金，这不是天方夜谭吗？

并且，特斯拉并不看好直流电。早在几年前的学生时代，他就在脑袋中完成了有关交流感应发电机的构想，他是带着他的交流之梦来找爱迪生的！但是，在爱迪生的公司里，没有一个人愿意接受他关于交流电的看法和建议。要知道，这是爱迪生的公司，爱迪生是老板！怎么会接受这么一个毛头小伙子的建议呢？况且，技术的发展也并不只与技术本身有关。市场走向、商业运作、公司发展、投资者的利益，诸多的因素掺杂其中。爱迪生本人也已经因他的直流供电系统而腰缠万贯，怎么会让特斯拉的突发奇想来葬送他的黄金美梦呢？于是后来，特斯拉和爱迪生之间开始了一场交流电与直流电的"电流大战"。

特斯拉实现不了他的交流电之梦，又被爱迪生不遵守承诺而激怒。因此，特斯拉一气之下便辞职离开了爱迪生公司。当然，为自己鲁莽仓促的决定，特斯拉付出了沉重的代价，他一两年的生活全靠体力劳动支

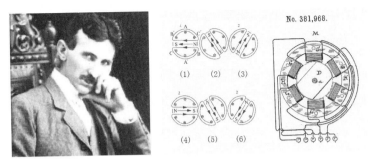

图 15—1：特斯拉和他的旋转磁场及感应电动机

撑，直到……

　　直到连特斯拉的工头都发现，这个塞尔维亚年轻人不仅仅是一个普通的认真干活的工人，起码能算是一个有经验的工程师吧，甚至像是一位电学专家。因此，工头把他介绍给自己认识的大人物。终于有一天，特斯拉有了重圆其电之梦的机会，他在自由街 87 号有了他的第一个电气实验室，他开始研发早就在脑海里完成多次的整套交流供电设备！

　　实际上，在特斯拉为贫困所驱到处打工的时日里，交流电和直流电的"电流之战"已经悄然而起，特斯拉说不动爱迪生用交流电，却自有爱迪生的克星来收拾他！那就是来自匹兹堡的乔治·威斯汀豪斯（Westinghouse）的交流电公司。

　　乔治·威斯汀豪斯（1846~1914），是美国著名的实业家、发明家，西屋电气创始人。1888 年 7 月底，特斯拉带着交流电方面的多项专利，正式加盟威斯汀豪斯，使其与爱迪生的电流之战达到白热化。

　　交流电比较直流电，在发电和配电方面，有许多的优越之处，这也是为什么特斯拉所发明的三相交流电及其感应电机设备，以及 110 伏特、

60赫兹的供电标准在美国等国家沿用至今的原因。

特斯拉发明的多相交流发电机可以很经济方便地把机械能、化学能等转换成电能；交流电系统利用电磁感应的原理，建造变压器后，可以很方便地升高电压，达到远距离传输的目的。因为在高压的情形进行传输，才能降低损耗，传得远。而爱迪生当时的直流电，只能以较低的功率和电压发电，在整个线路上，每隔几十米就必须安装一台发电机。

当然，从物理的角度看，直流电输电也有其优越之处，没有因为电容电流而产生的损耗；没有因为趋肤效应而引起的电线有效面积的减少；不需要交流输电的同步调整；等等。

但交流电最独特的优势是容易变压。因为传输的损耗与电流平方成正比，所以，传输电流越小，损耗就越少。而传输的功率则等于电压和电流相乘，要减小电流从而达到减少损耗的目的的话，就必须要增大电压，才能将同样数值的功率传输到用户端。比如，传输同样的功率，如果电压加倍，电流则减半，损耗则减到四分之一。并且，用户离得越远，就需要将传输电压升得越高。交流电容易变压的特点正好适合这种低消耗的高压输电，使用结构简单的变压器即可将电压升至几千至几十万伏特，传送到几百公里之外，这是爱迪生的直流供电系统望尘莫及的。

最后，这场电流大战以威斯汀豪斯和特斯拉的胜利、爱迪生的失败而告终。

当时，交流电打败直流电有两个里程碑事件：一是1893年的芝加哥世博会[18]。在这次博览会上，威斯汀豪斯的西屋电气公司用三相交流电点亮了十几万只灯泡，在夜晚，将整个博览会照耀得如同白昼一般。

特斯拉则在这个世界性博览会上第一次为电气展品开设的展区中出尽风头。他展示了他的荧光灯和没有电线连接却能发光的灯泡等新发明，还有通电后就能旋转而站立的铜蛋（称为哥伦布蛋），特斯拉以此向人们说明他的感应电动机和旋转磁场的原理。

交流电的另一个具历史意义的事件，是 1896 年 11 月在尼亚加拉大瀑布新落成的尼亚加拉水电站。这个电站使用了 3 套 5000 马力的特斯拉交流发电机，成功地将电力送到 35 公里之外的布法罗市。电站落成送电后，各媒体兴奋地竞相报道："电闸一合上，汹涌澎湃的瀑布便流向了山巅。"后来，人们在尼亚加拉大瀑布公园中竖起一尊特斯拉的铜像，以纪念他对人类电气化事业的无私奉献，因为特斯拉放弃了交流电专利的权益，结果到老年一贫如洗。

线圈为电而造

爱迪生为了诋毁交流电，花费数千美元来调动各种新闻手段到处宣扬高压交流电的危险性，甚至人为地制造交流电事故。他建立了一个实验室，残忍地将特意抓来的小猫小狗电死；他买通纽约州监狱的官员，用交流电执行死刑，制造可怕的景象，形成公众对交流电的恐惧、厌恶和反对。

为了反击爱迪生，说明高压交流电在正确使用情形下的安全性，特斯拉冒着生命危险，多次表演"魔术"一样的交流电实验。"他身着软木鞋、晚礼服，打白领带，头戴礼帽，双手接通电路，用身体做导线，全身闪出电火花，人们被这一表演惊呆了。"表演时，特斯拉为了说明有危险的不是电压的高低，而是电流的大小，让上万伏的高频电压通过自己的身体，展示出惊人的放电效应。

在特斯拉的闪电实验中，用来产生高频高电压、低电流的设备叫作特斯拉线圈，是特斯拉最重要的发明之一。特斯拉线圈的原理很简单，实际上就是一台利用共振原理的变压器而已。收音机中谐振电路的原理也是利用共振，但是使用的目的不一样。特斯拉用它来方便地产生超高电压、超高频率但又是超低电流的交流电，从而制造出人工闪电的效果。直到现在，在世界各地仍有很多特斯拉线圈"玩家"，他们做出了各种各样的设备，制造出惊心动魄又美丽炫目的闪电图景。因而，特斯拉不愧被人们称为闪电大师。

不过，特斯拉当时不是仅仅将特斯拉线圈用于"玩"这种娱乐和教育的目的。他利用这些线圈进行了多项创新实验，研究高频率的交流电现象，产生 X 射线，并用于电疗和无线电能的传输，等等。采用特斯拉线圈的火花放电无线电发射机，被广泛用于传递电报信号。一直到20 世纪的 20 年代，火花放电发射机才被真空电子管的无线电发射机所取代。

共振的现象在日常生活中司空见惯，比如乐器利用它产生的"共鸣"。共振也是诸位在初中时候就学到了的简单物理道理。共振时，往往会有意料之外的突发现象出现。例如，在 1940 年，美国华盛顿州的塔科马大桥因大风引起的共振而塌毁，还有传说中某某高音歌唱家演唱时震碎玻璃杯的故事等。

"电共振"这个简单现象，在特斯拉手上却被"玩"出了很多花样。

特斯拉特别关注共振，也源自他年轻时的一段十分神秘的经历。据他自己的叙述：

> 一天晚上，我看见无数天使腾云而来，其中一个居然是我的母亲！那一瞬间，我心中升起一股莫名的感觉，潜意识告诉我：母亲去世了！后来证实，这是真的！

之后，特斯拉用"共振"来解释这次幻觉的出现。他认为是因为他和母亲之间的脑电波达到了共振而产生的心灵感应！不管他的理论正确与否，他对共振现象的迷恋，引导他走向了"特斯拉线圈"这一革命性的发明。

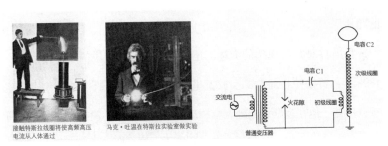

接触特斯拉线圈将使高频高压
电流从人体通过

马克·吐温在特斯拉实验室做实验

图 15—2：特斯拉线圈原理图

特斯拉线圈的原理如图 15—2 右图所示。首先，一个普通的变压器将交流电的电压升到 2 千伏以上，这是可以击穿空气而放电的电压。初级线路中的电容 C1 充电达到一定数值后，距离几毫米的两个火花隙之间便产生放电。放电使得初级线圈（圈数很少）和电容 C1 构成一个 LC

振荡回路，产生高频振荡的电磁波，振荡频率通常在 100kHz 到 1.5MHz 之间。

最右边是次级回路，包括一个圈数很多的次级线圈和一个高高耸立在顶端的放电金属托球。导电托球与地面构成一个等效电容 C2，C2 和次级线圈的电感也形成一个 LC 振荡回路。当初级回路和次级回路的 LC 振荡频率相等时，初级线圈发出的电磁波的大部分会被次级振荡回路吸收，使得放电顶端和地面之间的电压逐渐累积升高。这时，如果人体靠近顶端的托球，高电压的托球便通过人体产生放电，形成很小的电流，如果在电流的通路上再串联一个荧光灯泡，电流就能使灯泡发光。特斯拉经常邀请投资人和好朋友参与此类"电闪雷鸣"的实验。著名美国作家马克•吐温对这类实验总是自告奋勇，图 15—2 的中间一图，便是马克•吐温在特斯拉的实验室里让电流通过身体再点亮荧光灯时所拍的照片。

特斯拉对共振现象的痴迷，还可从另外一件传说的趣事中看出：1898 年，特斯拉在纽约的实验室里试验一个装在铁杆上的小型电气机械振荡器。他在逐渐缓慢地调整振动频率的过程中，没想到竟然使整栋大楼都颤动起来了，甚至招来了纽约警察，警察冲进他的实验室，他才赶快抢起锤子，砸坏了这个该死的振动装置。

"真正的无线电"之梦

特斯拉有了他的能造出闪电的线圈之后，进一步突发奇想。他将特斯拉线圈的线路进行一定的改动，发明了无线电发射机。后来人们心目中的"无线电之父"是意大利物理学家马可尼，但实际上，却是特斯拉第一次提出了完善的无线通信系统的设想。不过，特斯拉并不仅仅满足于只是"无线"地传递信号，像我们目前所用的通信技术这样。现在，人类有了无线的传真、电话、视频、网络，无论是声音、图像，还是复杂的数据，都能转眼就传到千里之外，通信技术已经达到了登峰造极的水平。但是，几乎所有的家用电器，还是一定要连着电线，以接通电源。即使是小到能装在口袋里的手机、电子表，也少不了其中那个关键的元件：电池。换句话说，我们现有的无线电，只是传输信号时"无线"，而凡是与能量有关的传输，用的仍然是由导线传输的交流电！

大师毕竟是大师，我们现在每天所享受到的以全球交流输电网为基础的人类文明，是特斯拉在一百多年前发明的。我们现在还做不到的事情——无线输电，大师也在一个世纪前就为我们想到了，并且，重要的是，他不单单是预见、想象，还为此奋斗不已，花费了数年时间进行探索和实验，试图造出全球无线输电系统，实现他的"真正的无线电"之梦。

特斯拉比其他发明家的伟大之处，是在于他不是仅仅做些鸡毛蒜皮的小发明，而考虑的是世界级、宇宙范围的大问题。

特斯拉利用电磁共振，制造了闪电，发明了无线电通信，震动了大楼……他不满足，他还要用他的电磁共振，来控制气象、消灭战争，用他的无线输电来造福人类。他要把整个地球和电离层，都纳入他的特斯拉共振线圈之中。尽管当今的无线电通信使用的也是他的专利，但是，他对于无线输电构想的基本原理，却不同于无线通信的原理。他的安装在沃登克里弗巨塔上的所谓"放大发射机"，主要功能不是用来向空中四处均匀地发射电磁波，那种"远场"方式发射的电磁波的能量，将随着距离的增大而很快衰减，特斯拉认为那是一种浪费。特斯拉感兴趣的是"近场"电磁波的效应，这种近场电磁波可以诱发地球和电离层之间的巨大电容所参与的"全球电振荡"。然后，特斯拉的目的是要让这个巨大的电容器储存他的"放大发射机"发出的电能，这个某种频率的振荡能量，以表面电流（或电磁波）的形式，沿着地球表面环形流动。如果没有接收器与其共振的话，能量不会损耗，或者是只有很少的损耗。

特斯拉无线传输电能的想法，类似于交流电传输过程中的无功功率部分，交流电在电感电容之间来回流动，这对于传输是必要的，但如果没有负载的话，电磁能并没有转换成其他形式的能量。特斯拉的无线传输电能的思想也是这样，发射机在地球与电离层之间建立起大约 8Hz 的低频共振，只与天地谐振腔交换无功能量。"放大发射机"发出电能，然后传输、储存在地球磁场中，直到在地球的另一个地点，有一个接收器与这个频率产生共振。那时，接收器因为共振而将能量吸收过来，达到输电的目的。特斯拉甚至还进一步地构想：接收器接收到的，还有可能不仅仅是从人造的发射器中送来的能量，也许还附加上一点地球磁场中原来的能量？这样想下去，有点像是个永动机模型了。实际上，特斯拉的确认为，宇宙本身就是一个永动机。特斯拉做着黄粱美梦，还力图付诸实践，为了未来的人类能用上"免费能源"！

特斯拉说："我们需要发展从永不枯竭的资源中获取能量的手段"，"人类最重要的进步，仰赖于科技发明，而发明创新的终极目的，是完

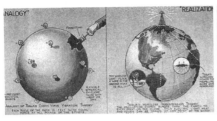

图 15—3：特斯拉的全球无线输电计划　　15—4：科泉市的　15—5：纽约长岛
　　　　　　　　　　　　　　　　　　　　　实验　　　　　　的沃登克里弗塔

成对物质世界的掌控，驾驭自然的力量，使之符合人类的需求。"

　　无论如何，当马可尼使用特斯拉的多项无线电专利，成功地在英国
进行了 5 公里范围内的无线信号传输时，我们伟大的发明家，来到了科
罗拉多州的科泉市，展开他的一系列秘密实验。

　　据说科泉市是美国电闪雷鸣最多的地方。特斯拉认为，闪电就是大
自然进行无线输电的一个例子。闪电发生的那个瞬间，空气分子被高电
压离子化而成为导体，强大的电能从一个地方传送到另外一个地方。现
在，我们既然能人工地做出闪电，也就能在不远的将来，做出人工无线
输电！

　　因此，特斯拉在科泉市建造了一个巨大的特斯拉线圈，一架 145 英
尺（约 44 米）的天线从屋顶上高耸入云，天线顶端有一个铜箔圆球（图
15—3 的左图）。就此，特斯拉开始了他的全球电磁谐振的首次实验。

　　特斯拉对实验结果很满意，得到了对地球电性能的一些结论，作为
无线能量传输的基础。比如，特斯拉根据实验结果计算出，地球和电离
层的谐振频率约为 8Hz，这与几十年后的研究结果一致。

　　1901 年，特斯拉得到金融大亨 J. P. 摩根的赞助，在纽约长岛建造

了他的沃登克里弗塔，开始他的实现大西洋两岸"无线输电"之用。不幸的是，这项工程两年之后因为摩根将投资转向马可尼而停止。后来，特斯拉破产，1917年战争期间，美国政府以安全为名炸毁了沃登克里弗塔，致使特斯拉的全球无线输电宏伟计划胎死腹中！

直到现在，仍然有人在追逐特斯拉的足迹，进行无线输电的研究。

晚年的科学梦

特斯拉主要是伟大的发明家，他的专利多如牛毛，科学成就则乏善可陈。但他与一般的发明家不同，他重视发明背后的科学原理！从他许多科学技术方面的奇异构思可以看出，他大多数时候是先有了科学知识，再联想到具体发明的。特别是在电磁方面的发明，显然是学习并精通了电磁的基本知识后，才能如此成功地运用于工程发明中。

此外，特斯拉在科学方面也有一些首创的想法，但却被人忽视了。

例如，伦琴射线（X射线）实际上是特斯拉更早发现的，但是研究的大部分资料毁于1895年实验室大火。特斯拉进行过低温实验。特斯拉发现并计算了地球的共振频率；特斯拉设想过一种"意识摄像"机器，直接将脑中的意识变成图像并视觉化，然后存储起来或播放出来。特斯拉实验研究过所谓"死光"的粒子束武器，由特斯拉线圈和特制开放性真空管组成。

最后二十年中特斯拉迷恋于研究基础科学，对空间、原子十分着迷，研究波粒二相性，也研究过永动机，提出过使用以太解释引力现象的引力动态理论，但是这些研究均不是主流方向，不被广泛认可，如今看来有点民科的味道。

晚年的特斯拉，孤僻落寞、一贫如洗，靠喂鸽子、吃救济来打发时日。他没钱再做实验，脑中却仍然奇想不断。除了进一步思考他的无线输电之外，还到各盟国游说他的"死亡射线"之类的新式武器。不过，他在公众的心目中，已经逐渐不再是敢想敢干的发明大师，而更像是一个想入非非的科技幻想家了。

还有几件颇具讽刺意味的事件：马可尼使用特斯拉的无线电专利，成功地实现无线通信的越洋传输，后来得到 1909 年的诺贝尔物理学奖；传言特斯拉和爱迪生曾经拒绝分享 1915 年的诺贝尔物理学奖，因而最后此奖颁给了布拉格；特斯拉和威斯汀豪斯共同与爱迪生进行交流直流的战争，但后来两人都被授予了"爱迪生奖章"。

1943 年 1 月 7 日，特斯拉于 86 岁高龄，孤独地死于纽约一间残旧的旅馆中。

让我们用特斯拉自己的话来结尾：

> 我只是个平凡的人，没有什么特殊的能力。宇宙中的任何一小部分都包含整个宇宙的所有信息，在其中藏着的某个神秘数据库又保存着宇宙的总体信息，我只是很幸运地可以进入这个数据库去获取信息而已。

图灵：被咬了一口的苹果

一看到本节的标题，"被咬了一口的苹果"，你可能会立即联想到史蒂夫·乔布斯的公司的标志 [图 16—1（a）]。不过我们这儿的主角——图灵，与苹果的 logo 没什么关系，但与作为率先生产个人计算机的苹果公司却可以拉上关系。因为图灵是现代计算机之父，也是人工智能之父，是苹果电脑创始人乔布斯崇拜的偶像。

天才之死

1954 年 6 月 7 日，图灵被发现死在卧室床上，身边有一个咬了一口的苹果。检验证实，这个苹果被氰化物污染了！因此当时调查得出结论说，图灵是服毒自杀。不过这一结论后来又遭到质疑，有专家认为，图灵是在实验中不慎吸入氰化物意外死亡。

不管是自杀还是他杀，都与当年图灵因为同性恋的倾向受到了歧视和迫害有关。因此，2009 年 9 月 10 日，在图灵去世 55 年之后，英国时任首相戈登·布朗代表政府正式向图灵致歉。他说，图灵受到的对待是"骇人听闻"和"完全不公平的"，英国对图灵"亏欠了太多太多"。之后，英国央行发布了一张有图灵面孔的 50 英镑纸币 [图 16—1（b）]。

英国数学家艾伦·图灵（又译阿兰·图灵，1912~1954），是一位天才人物[20]。

1931年，图灵进入剑桥大学国王学院专攻数学。1936年，图灵前往美国普林斯顿大学继续深造，并于1938年获得博士学位。他在普林斯顿大学研究出了"通用计算机"的概念。

这位数学奇才还研究密码学，曾为第二次世界大战盟军打败纳粹德国立下汗马功劳：他领导的小组成功破译了德军的密码，了解了德军的动向，掌握了战争的主动权，从而使盟军占了先机。

图灵在他1950年著名的论文《计算机和智能》中提出人工智能问题。

图灵通用计算机

当代的计算机技术，真可谓突飞猛进、日新月异。这些都要归功于图灵的"通用计算机"模型。

图灵最重要的贡献是我们所用的所有计算机的理论模型——图灵机。什么是图灵机？图灵机是图灵为了定义"算法"，而提出的一个抽象模型。算法是什么呢？顾名思义，计算之方法也。计算又是什么呢？这个问题好像三岁小孩就会回答：他会伸出手指头告诉你，"1，2，3，4，5"；"1个糖再加1个糖，等于2个糖"，这就是计算。

不过，数学家总是喜欢将这些我们习以为常觉得简单的概念加以严格定义。定义得清清楚楚，才方便让计算机来执行。那么，我们可以这样来定义"计算"：如果我们把"数"说成是一串符号的话，计算就是

图 16—1：（a）苹果公司的标志，（b）英国 50 英镑纸币设计

将一串符号按照"一定的规则"变成另一串符号。通常，我们可以将这"一定的规则"，分解成一步一步的、便于执行的简单步骤。这些步骤，便被称为"算法"。

例如，当我们右手伸出三个指头，左手伸出两个指头，教一个四岁孩子做加法时，便不自觉地暗示了某种算法：第一步，数右手指头 1，2，3；第二步，继续数到左手指头上 4，5；第三步，得到答案 5。

图灵机的一般结构由三部分组成：一条用于记数的、可无限延伸的"带子"；一个可以从"带子"上读、写，且能左右移动的"头"；一个能按照规则指挥读写头的"控制器"。执行计算之前，"带子"上写下初始数据；计算完成之后，"带子"上写着结果。计算所需的变化规则表，也就是"算法"部分，也写到"带子"上，在输入初始数据之前，先将算法编码输入进去。这样一来，只需要变换算法，就可以做不同的运算，解决任何数学问题了。这种模型，就被叫作"普适"图灵机，或通用图灵机。图 16—2 给出通用图灵机的示意图。

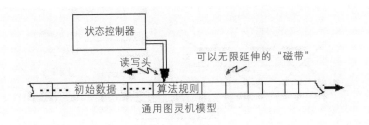

通用图灵机模型

图16—2：通用图灵机

通用图灵机奠定了计算科学的基础，被视为当今数字计算机的原型，更准确地说，并不是机器硬件，而是计算机软件的原型。其意义是：只要按一定步骤对数字进行处理、传输和存储三种操作，通用图灵机原则上能解决任何可计算的数学问题。必须再次强调的是：图灵机并不是真正的机器，而是一种理想模型，通用图灵机可以模拟任何实际的计算机，而由物理实在构成的计算机却是不可能解决所有的数学问题的，因为它有容量、速度、精度，以至于硬件等各种物理条件的限制，图灵机则抛开这一切，仅仅抽象出"数""算法"这些东西。

图灵测试

谈到人工智能，那就是让机器具有智能。例如有个机器人做某个名叫"茹梦"的女孩的替身。尽管初看一下，替身已经到了十分逼真、以假乱真的地步。但是，替身仍然只是个被人控制的机器人而已。那么，当茹梦的母亲面对这两个似双胞胎的"人物"时，应该如何来判断哪个是机器人，哪个是自己的女儿呢？

图 16—3：图灵测试

这听起来是个十分简单的问题，你会说：首先，母亲可以随便问几个问题，然后，根据对方的回答，一直追问下去，最后总是能判断出来的。的确如此，当年的图灵也是这么想的。1950 年 10 月，图灵发表了一篇题为《计算机与智能》的论文，设计了著名的图灵测试，通过回答一些问题来测试计算机的智力，从而判定它到底是台机器，还是一个正常思维的真人。别小看这个你也想得出来的简单概念，该论文当时引起了人们的极大关注，奠定了人工智能理论的基础。

比如，茹梦的母亲可以问："上星期六我们碰到的那个人，你认识吗？"

茹梦和替身的回答是相同的，她们两人都说："认识啊，他叫林志，去年见过的。"

母亲又问："林志的女朋友叫李梅梅，是你大学同学啊，记得吗？"

茹梦很高兴地回答："是吗？当然记得，我们那时经常一起去爬山。"替身却不作声了，因为她找不到这个名字，也难为她了，她的大脑寄存器里只放了三年之内的记忆嘛！不可能有这个大学同学李梅梅。于是，母亲只提了两个问题就把真伪判别出来了。可以想象，如果这个替身越是接近真人，母亲就需要问更多的问题，才能做出判决。这就是图灵测试的思路。

目前，我们碰到的假冒大头鬼的智能机器还不多，也不够聪明，比如，电话机里面的自动回话机之类的，我们一听就能明白，对方是人还是机器，一句话都不用问的。

再举一个你经常能碰到的实例：当你注册了一个社交网站成为一个用户后，如果你要再次登录，经常会被要求看一个图像，就像在图16—3右图所示的那种字母或数字被变形歪曲了的图像。网站放上这种图像的目的也就类似一种最简单的图灵测试，看看你到底是机器还是人，从而预防有人编写程序来登录网站干出种种坏事来。

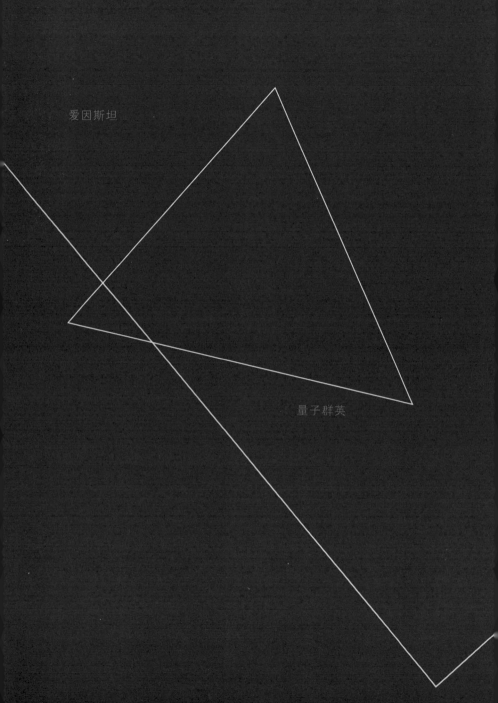

爱因斯坦

量子群英

第四章

巴丁

科学革命

费曼

朗道

文艺复兴是 14 到 16 世纪的欧洲思想文化运动，其中的思想，不仅仅是人文思想，也包括了科学思想。科学思想导致了科学革命，特别是物理学中大大小小的几场革命，它们对人类文明社会的重大意义，可比拟甚至超过了人文思想方面的革命……

爱因斯坦：相对论革命

没有爱因斯坦，物理学会完全不同；不但物理学，整个世界也会完全不同。相信大多数人会认同这一点。

世纪伟人

爱因斯坦（1879~1955），美籍德国犹太裔理论物理学家，狭义和广义相对论的创立者，现代物理学奠基人。因成功解释光电效应荣获1921年诺贝尔物理学奖，1999年，被美国《时代周刊》评选为"世纪伟人"。

19世纪，牛顿力学和麦克斯韦电磁理论，两座大厦一统天下、高耸入云。物理学家们以为从此再无大事可干，只需要对两种理论修修补补即可。但是，当人类迈入19世纪之末，基础物理学晴朗的天空上逐渐积累起乌云两朵。

两朵小乌云各有来头，都是来自于实验物理学家的功劳，都与"光"有关。第一朵乌云来自于"迈克尔逊－莫雷实验"，与"法拉第和麦克斯韦"一节中介绍的光的波动理论中"以太"说有关。第二朵乌云来自于黑体辐射实验结果中的"紫外灾难"，与光的辐射性质有关。这两朵小乌云导致了物理学的两大革命：相对论和量子力学[19]。

有关黑体辐射的第二朵乌云，首先被德国物理学家普朗克拨动。之后，爱因斯坦用光量子的概念，成功地解释了光电效应，这为其赢得了诺贝尔物理学奖。量子理论也由此开始，我们将在下一节中介绍。

少年爱因斯坦的"追光"问题

爱因斯坦最感兴趣的是与光线传播性质有关的第一朵乌云。光，是大自然展示给人类的最古老的现象之一，但也是延续几千年，至今尚未完全破解的物理之谜。

与光传播有关的问题，从少年时代就困惑着爱因斯坦。1895年，16岁的爱因斯坦踏进了中学的大门，那时候，法拉第和麦克斯韦都早已仙逝，但他们有关光和电磁波的理论却深入到了爱因斯坦的心里，这个16岁少年的脑海中经常琢磨着一个深奥的"追光"问题，用现代物理学的语言来说，爱因斯坦想象了一个如下的思想实验：光是一种电磁波，以大约30万公里每秒钟的速度向前"跑"，那么，如果我以和光相同的速度去追赶一束光，将会看见什么情景呢？

根据麦克斯韦理论，变化的电场产生变化的磁场，变化的磁场又产生变化的电场，如此循环往复下去，便产生了电磁波，或者说产生了光。但是，少年爱因斯坦想，如果我的速度和光一样快的话，我看到的应该是一个静止的，而不是变化的电场（或磁场）。那么，没有了变化的电场，便不会产生变化的磁场（或电场），便产生不了光，因此，便没有了光。光怎么会因为我追着它跑就消失了呢？所以，爱因斯坦认为，这个"追光"的思想实验是一个不可能发生的悖论，也就是说，观察者不可能以和光线一样的速度运动！

十年的时光很快就过去了，16岁的中学生已经大学毕业成了专利局的一名普通职员，但是，他对"光"的困惑，在脑海中一直挥之不去，专利局小职员在思考着物理学的大问题，也注意到了与光的传播理论相关的、物理学天空上出现的"乌云"：迈克尔逊－莫雷实验。

狭义相对论[21]

法拉第和麦克斯韦建立的经典电磁理论，将光解释为一种在以太中传播的电磁波。"以太"的概念带给物理学家许多新问题。首先，如果承认以太存在，就应该有一个相对于以太静止的参考系。这个参考系应该位于宇宙中的哪儿呢？由此，人们不由得想起了早年的地心说和日心说，相信地心说的人认为以太相对于地球静止；相信日心说的人认为以太相对于太阳静止。而后来的宇宙图景告诉我们，地球和太阳都不是宇宙的中心，宇宙根本没有什么中心。那么，哪一个参考系有资格作为相对于以太静止的"绝对"参考系呢？实际上，根据伽利略提出的"相对性原理"，这样的"绝对"参考系不存在。

根据伽利略的相对性原理，物理规律应该在伽利略变换下保持不变，牛顿的经典力学满足这一点，但麦克斯韦的电磁理论却不具有这种协变性。麦克斯韦方程只在一个特别的、绝对的惯性参考系中才能成立，这就是被称为"以太"的参考系。

退一步说，如果假设存在一个"以太"参考系，那么，在相对于以太运动的参考系中，就应该能够探测到"以太风"的效应。比如说，地球以30公里每秒的速度绕太阳运动，在其运动轨道的不同地点，就应该测量到不同方向的"以太风"，"迈克尔逊－莫雷实验"便是为了观测"以太风"而进行的。

然而，这个实验得到了一个"零结果"，就是说没有探测到任何地球相对于以太运动所引起的光速的变化。

为了调和电磁理论与相对性原理的矛盾，荷兰物理学家洛伦兹（1853~1928）在仍然承认以太的前提下，对伽利略变换进行了修正。在伽利略变换中，空间的变化与时间无关，并且，空间中的长度是不变的。比如说，有一根棍子，无论它运动还是不运动，它的长度都不会改变。但洛伦兹设想，如果这根棍子相对于以太运动的话，也许会受到以太施予其上的某种作用使它的长度变短。于是，洛伦兹在相对于以太运动的伽利略变换中加上了一个在运动方向的长度收缩效应。这样做的结果，正好抵消了原来设想的相对于以太不同方向上运动而产生的光速差异。如此一来，洛伦兹用他的新变换公式（洛伦兹变换），轻而易举地解释了迈克尔逊－莫雷实验的零结果。

长度会变短多少呢？洛伦兹意识到在这个问题上光速起着重要的作用，因而，缩短因子应该与运动坐标系的速度和光速的比值$\beta(=v/c)$有关。

爱因斯坦看中了洛伦兹变换，却认为应该赋予它更为合理的物理解释。因此，爱因斯坦摒弃了以太的概念，因为它与相对性原理不相容。爱因斯坦从物理本质上重新考虑时间和空间的定义，发现不需要假设以太的存在，仍然能够得到洛伦兹变换。最后，爱因斯坦用没有以太的洛伦兹变换统一了时间和空间，用狭义相对论统一了相对性原理和麦克斯韦方程。

狭义相对论基于两个基本原理，一个是相对性原理，另一个是光速不变原理，认为光速在真空中的数值对任何惯性坐标系都是一样的，并且，光速是宇宙中传递能量和信息的最大速度，质量不为零的任何物体的速度只能无限接近光速，不能达到或超过光速。

两个基本原理看起来简单，但却有其不寻常之处。例如，"光的速度对任何坐标系都一样" 这个假设是非同一般的，对我们常见的物体而言，从不同的参考系观察物体的运动，会得到不同的相对速度。而现在，在狭义相对论中，光的真空速度成为一个常数！实际上，这个假设回答了爱因斯坦少年时代的"追光问题"！

A 盒子里的人测量 B 盒子变短了

B 盒子里的人测量 A 盒子变短了

图 17—1：A 和 B 相对的长度收缩

不寻常的假设产生不寻常的理论，预言了更多不寻常的结果。例如：运动物体相对于静止坐标系而言，有"时间膨胀、长度收缩、质量变化"等不寻常的效应。更为神奇的是，并没有一个如同"以太"那样的绝对静止的坐标系，所有相互运动的惯性坐标系都是等同的。所以，这些效应都是"相互"的。如图17—1，如果换成是站立的两人上下相对运动，那就会出现"我量你变矮了，你量我也变矮了"的结论！

对时间来说，也有类似的现象。时间不再是绝对的，爱因斯坦在建立狭义相对论的过程中，仔细思考并重新说明了"同时性"的概念。

狭义相对论导致的这些不寻常现象继而产生了双生子佯谬、祖母悖论等说法。

爱因斯坦的电梯实验——等效原理

爱因斯坦很快发现了狭义相对论的不足之处，问题是其中的相对性原理只对于互相做匀速直线运动的惯性参考系成立。物理规律为什么对惯性参考系和非惯性参考系表现不一样呢？惯性参考系似乎仍然具有特殊性。

事实上，爱因斯坦的相对论观念很大程度上来源于马赫的哲学思想。恩斯特·马赫（1838~1916）是奥地利的物理学家和哲学家，是第一个对牛顿的绝对空间和绝对运动做批评的人。

牛顿认为存在绝对空间和绝对运动，而马赫的观点是，物体的运动不是绝对空间中的绝对运动，而是相对于宇宙中其他物质的相对运动，因而不仅速度是相对的，加速度也是相对的。

马赫的精辟见解被爱因斯坦取名为马赫原理。

因此，爱因斯坦认为，速度和加速度都是相对的，非惯性系中物体所受的与加速度有关的惯性力，本质上是一种引力的表现。因而，引力和惯性力可以统一起来。

类似于16岁时思考的"追光"问题，爱因斯坦又想到了另一个思想实验：如果我和"自由落体"一样地下落，会有些什么样的感觉？追光实验是个悖论，因为它描述的情况不可能发生。而自由落体实验在现实生活中有可能发生，比如说，设想电梯的缆绳突然断了，电梯立刻变成了自由落体，其中的人会有什么感觉？这个问题如今不难回答，那就是在许多游乐场大玩具中可以体验到的"失重"感觉。因为那时候，电梯中的人将以9.8米每平方秒的加速度向下运动。这个加速度正好抵消了重力，因而使我们感觉失重。

加速度可以抵消重力的事实说明它们之间有所关联。加速度的大小由物体的惯性质量 m_i 决定，重力的大小由物体的引力质量 m_g 决定。由此，爱因斯坦将惯性质量 m_i 和引力质量 m_g 统一起来，认为它们本质上是同一个东西，并由此而提出等效原理。爱因斯坦猜想，等效原理将提供一把解开惯性和引力之谜的钥匙。

爱因斯坦的思想实验也可以用图17—2的例子来说明。

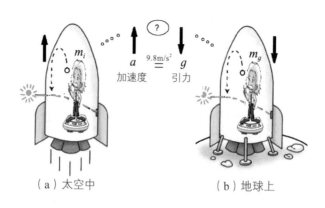

（a）太空中　　　　　　　　（b）地球上

图 17—2：爱因斯坦说明等效原理的思想实验

图 17—2 所示的是站在宇宙飞船中的人。设想宇宙飞船的两种不同情况：左图（a）中，宇宙飞船在太空中以加速度 $a=9.8m/s^2$ 上升，太空中没有重力；右图（b）中的宇宙飞船静止于地球表面，其中的人和物都应感受到地球的重力，其重力加速度 $g=9.8m/s^2$。两种情形下的加速度数值相等，但一个是推动飞船运行的牵引力产生的加速度，方向向上；另一个是地球表面的重力加速度，方向向下。如果引力质量和惯性质量相等的话，飞船中的观察者应该感觉不出这两种情形有任何区别。所有物理定律的观察效应在这两个系统中都是完全一样的。包括人的体重、上抛小球的抛物线运动规律、光线的偏转，等等[22]。

等效原理揭示了引力与其他力在本质上的不同之处。引力系统可与加速度系统等效，似乎可以用变换"参考系"的方法来将其"抵消"掉！这是电磁力没有的性质。不过，爱因斯坦也注意到，对于引力分布的真实情况，这种"抵消"实际上是做不到的。如果把所有天体附近的引力场都共同考虑，整个宇宙的引力图像会异常复杂。

黎曼几何

只有在地球表面附近，离开地球很小的范围内，引力才可以近似为一个均匀场。而整个宇宙空间的引力场则是分布极不均匀、非常复杂的。爱因斯坦企图找到一种数学模型来描述这种复杂的宇宙图景，但苦苦思索了七八年也没有想出个名堂来。直到后来，他又去请教他的好朋友，数学家格罗斯曼。格罗斯曼曾经多次帮助爱因斯坦，这时的格罗斯曼已经成了苏黎世联邦理工学院的全职教授。他告诉爱因斯坦，他需要的数学模型，黎曼50年前就已经发明出来了！爱因斯坦大喜，正是：踏破铁鞋无觅处，得来全不费工夫。

黎曼几何描述的是任意形状的 n 维"流形"。粗略地说，二维流形的概念可以用三维空间中曲面的图像来直观地理解。流形有其复杂的"内蕴"几何性质，用内蕴曲率来表征。流形上每一点的内蕴曲率可以各不相同，或零、或正、或负。内蕴曲率为0的流形的几何比较简单，是平坦的欧几里得几何，这种几何最典型的性质是三角形三个内角之和等于180度，正如我们熟悉的中学平面几何中描述的。内蕴曲率为正的流形的几何是球面几何，在球面上，一个三角形三个内角之和大于180度。除此之外，还有一种双曲几何，就是我们在马鞍面上，或者说类似炸土豆片的那种双曲面上的几何，对于这种形状的曲面，三角形三个内角之和小于180度。

（a）欧几里得几何　　（b）球面几何　　（c）双曲几何

图 17—3：黎曼流形上三种不同的几何

虽然在黎曼流形上有三种不同的几何，但是，如果考察流形上任何一点附近一块非常小的区域（邻域）的几何性质，即所谓"局部"几何性质，总是可以近似地看成是平坦的。

以上所说的黎曼流形的性质，非常类似于爱因斯坦想要描述的引力作用下的宇宙图景。不同的只是它们表达的内容：一个是引力，一个是几何。难道引力就是一种几何？引力是物质产生的，是否可以认为物质分布造成了空间的几何，然后几何再由引力的方式表现出来？这些想法和疑问，最后导致爱因斯坦建立了广义相对论。

广义相对论

著名物理学家约翰·惠勒（1911~2008），早年时曾经与爱因斯坦在一起工作，他用一句话简练地概括了广义相对论：

> 物质告诉时空如何弯曲，时空告诉物质如何运动。

这句话的意思是说，时空和物质通过引力场方程联系到了一起。这种联系可以利用图 17—4 来说明。极重的天体使得周围空间弯曲而下凹，这种下凹的空间形状又影响了这个天体以及周围其他物体的运动轨迹。图中的小球朝着天体滚过去，自行车也受到某种向心力的作用而做圆周运动，如何解释小球和自行车的这种运动？牛顿引力理论说，它们被天体的引力所吸引。而广义相对论说，是因为天体造成其周围时空的弯曲，小球和自行车不过是按照时空的弯曲情形运动而已[23]。

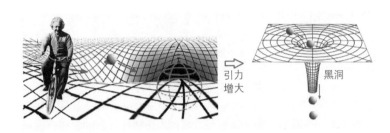

引力
增大

黑洞

图17—4：爱因斯坦广义相对论预言的时空弯曲及黑洞

天体的质量越大，空间弯曲的程度将会越厉害。大到一定的弯曲度，任何东西掉进去都出不来，包括光线，也是只能进不能出。类似于一张蹦床被放在上面的一个重重的铅球撑破了，形成了一个如图17—4右边所示的"洞"，所有东西全往下掉再也捡不起来，这就是黑洞。

爱因斯坦的广义相对论，成功地将惯性、引力，还有时间、空间，用几何统一在一起。

爱因斯坦有了等效原理启发而来的表达引力的物理思想，有了强大的数学工具黎曼几何，但他需要建立一个方程、一个等式，将两者关联起来！这就是他艰苦奋斗数年之后得到的爱因斯坦引力场方程。

求解任何方程的目的，都是从某些已知条件，得到未知函数。对广义相对论场方程而言，已知条件是空间的物质分布，未知函数就是描述时空几何的"度规" g_{ij}。

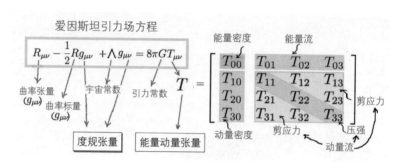

图 17—5：爱因斯坦场方程

如图 17—5 所示，爱因斯坦场方程的右边描述空间的物质分布和能量分布，用一个称为能量动量张量的数学形式 T 表示。另外一边是时空的几何性质，用黎曼几何中的曲率张量、曲率标量及度规张量表示。曲率张量和曲率标量都是度规张量的函数，所以总的来说，左边与度规张量 g_{ij} 有关，也就是说与时空的几何有关。右边则与给定的质量和能量分布有关。另一方面，时空几何又影响物质运动，即会改变右边的能量动量张量。正如惠勒所言，物质决定时空弯曲，时空又决定物质运动！

量子群英：量子革命

20 世纪初，比利时实业家欧内斯特·索尔维（1838~1922）创立了索尔维会议。1911 年，第一届索尔维会议在布鲁塞尔召开，以后每三年举行一次。这里一张极为珍贵的照片是 1927 年第五届索尔维会议[24] 的合影。一眼望去，真可谓群贤毕至、精英荟萃、史无前例、空前绝后。照片中的 29 位物理学家有 17 位先后获得了诺贝尔物理学奖。他们代表了一个时代，也极富标志性地象征了物理学史上最伟大的两场革命：相对论和量子力学的诞生。

相对论的诞生几乎是爱因斯坦一个人的功劳，量子力学的发展，却是整整一代人的伟业！第五届索尔维会议是一次传奇的盛会，由物理学界备受尊敬的前辈人物洛伦兹主持。我们借用介绍这次盛会几位与会者的机会，向读者简单介绍量子力学的传奇故事。

让我们首先看看这些与会者如雷贯耳的大名。

从左至右

后排：皮卡尔德，亨利厄特，埃伦费斯特，赫尔岑，德唐德，薛定谔，费尔沙菲尔特，泡利，海森堡，富勒，布里渊

中排：德拜，克努森，布拉格，布莱默，狄拉克，康普顿，德布罗意，玻恩，玻尔

前排：朗缪尔，普朗克，居里夫人，洛伦兹，爱因斯坦，朗之万，古伊，威尔逊，理查森

下面我们基本按照量子力学的发展历史简略介绍几位出席了这次会议的物理学家。

普朗克研究黑体辐射

德国物理学家马克斯·普朗克（1858~1947）在1900年打响了量子力学诞生的第一炮！普朗克为了解决物理学中的一朵"小乌云"——黑体辐射问题，在计算中引进了辐射能量"量子化"的概念。

什么是黑体？什么又是黑体辐射呢？

黑体可被比喻为一根黑黝黝的拨火棍，但黑体不一定"黑"，太阳也可被近似当作黑体。在物理学的意义上，黑体指的是能够吸收电磁波，却不反射也不折射电磁波的物体。虽然不反射不折射，但仍然有辐射！正是不同波长的辐射使"黑体"看起来呈现不同的颜色。例如，在火炉里的拨火棍，随着温度逐渐升高，能变换出各种颜色：一开始变成暗红色，接着是更明亮的红色，然后是亮眼的金黄色，再后来，还可能呈现出蓝白色。为什么看起来有不同颜色呢？因为它在不同温度下辐射出不同波长的光波。换言之，黑体辐射的频率是黑体温度的函数。这个函数曲线可以从实验中得到。

如何从理论上解释实验得到的黑体辐射规律呢？当时有两种理论：维恩定律和瑞利－金斯公式。

但这两个结果都不尽如人意：维恩定律在高频上与黑体辐射实验符合得很好，低频不行；而瑞利－金斯公式适用于低频，在高频则趋向无穷大，引起所谓"紫外发散"。

普朗克另辟捷径，提出了一个大胆的假说，认为辐射能（即光波能）不是一种连续的流，而是由不连续的、一份一份的、量子化的能量组成的。也就是说，辐射的能量不能任意小，有一个最小的能量极限，这个最小值与一个很小的新的自然常数 h 有关。后人将 h 称为普朗克常数，它的数值可以从实验得到：

$$h = 6.626196 \times 10^{-34} \text{ J} \cdot \text{s} 。$$

引进了量子化的能量后，普朗克得到了与实验符合得很好的结果，解决了黑体辐射的问题。之后，物理学家们把量子化的概念进一步推广，建立了完全不同于经典物理的量子力学，引发了一场宏伟壮观的物理学革命！

因此，学界把 1900 年普朗克发表量子第一篇文章的日期，定为量子力学的诞生日，而普朗克则被誉为"量子之父"。当他参加这届索尔维会议时，已经 69 岁，德高望重，是当然的前辈了，因此，他坐在了第一排，居里夫人的旁边。普朗克于 1918 年获诺贝尔物理学奖。

爱因斯坦解释光电效应

德国犹太人爱因斯坦（1879~1955），于 1905 年打响了第二炮！会议当年爱因斯坦 48 岁，已经举世闻名妇孺皆知，所以也坐在前排，与居里夫人之间相隔一个洛伦兹。爱因斯坦于 1921 年获诺贝尔物理学奖。

爱因斯坦 26 岁那一年，是他生命中的奇迹年，他一连发了 4 篇论文，其中包括狭义相对论的 1 篇，以及提出光量子的概念并成功地解释了光电效应的 1 篇。

1887 年，德国物理学家海因里希·赫兹发现，紫外线照到金属电极上，会产生电火花，后人称此为光电效应。

根据当时被学界接受的"光的电磁波理论"，光电效应中产生的光电子的能量，应该与光波的强度有关。但是，在 1902 年，菲利普·莱纳德做了一个非常重要的实验。从实验结果，他惊奇地发现光电子的能量和光的强度毫无关系，只与频率有关。

也就是说，与普朗克研究的黑体辐射问题有些类似，光电效应的实验结果不符合理论预测，令物理学家们困惑。

不过，很快地，1905年6月，爱因斯坦发表了他的重磅论文《关于光的产生和转化的一个启示性的观点》，成功地解释了光电效应。

爱因斯坦在这篇论文中假定，电磁场能量本身就是量子化的，频率为 v 的电磁场的能量的最小单位是 hv。这儿的 h，就是普朗克解决黑体辐射问题时使用的普朗克常数，爱因斯坦将这种一份一份的电磁能量称为"光量子"，也就是后来被人们称作的"光子"。

同为德国人的普朗克，当然注意到了这位物理界的年轻明星。不过，普朗克是一位十分保守的物理学家，1900年的偶然机会将他推上了量子革命的舞台。爱因斯坦成功解释光电效应时，普朗克的革命性创举已经过去5年了，但他仍然耿耿于怀，还在努力地企图把量子化假设回归于经典物理的框架中。所以，他十分推崇相对论，却对光电效应的解释抱怀疑态度。

玻尔 1913 年创建原子模型

丹麦物理学家尼尔斯·玻尔（1885~1962）将原子中电子轨道量子化，提出玻尔原子模型，于1922年获得诺贝尔物理学奖。

玻尔通过引入量子化条件，提出了玻尔模型来解释氢原子光谱；提出互补原理和哥本哈根诠释来解释量子力学，他还是哥本哈根学派的创始人，对20世纪物理学的发展有深远的影响。

在对于量子力学的解释上，玻尔等人提出了哥本哈根诠释，但遭到了坚持决定论的爱因斯坦及薛定谔等人的反对。从此玻尔与爱因斯坦开始了玻尔－爱因斯坦论战，最有名的一次争论发生在第六届索尔维会议上，爱因斯坦提出了后来名为爱因斯坦光盒的问题，以求驳倒不确定性原理。玻尔当时无言以对，但冥思一晚之后巧妙地进行了反驳，使得爱因斯坦只得承认不确定性原理是自洽的。玻尔和爱因斯坦是在1920年相识的。那一年，年轻的玻尔第一次到柏林讲学，和爱因斯坦结下了长达35年的友谊。但也就是在他们初次见面之后，两人即在认识上发生分歧，随之展开了终生论战。他们只要见面，就会唇枪舌剑，辩论不已。

特别值得一提的是，玻尔是一名优秀的足球运动员。他习惯在足球场上一边心不在焉地守着球门，一边用粉笔在门框上排演着公式。玻尔后来进入科研机构，专心于原子物理研究，但他仍不忘心爱的足球，业余时间常把踢足球当作休息，成为一名不折不扣的"科学家球星"。不过他也有分神的时候，据丹麦AB队史料记载，在一场AB队与德国特维达队的比赛中，德国人外围远射，玻尔却在门柱旁边思考一道数学难题。

德布罗意 1924 年提出物质波

德布罗意（1892~1987）出生于法国，是法国贵族，又是著名理论物理学家。他在博士论文中首次提出了"物质波"的概念，于1929年获诺贝尔物理学奖。

德布罗意认为，任何运动着的物体都伴随着一种波动，而且不可能将物体的运动和波的传播分开，这种波称为相位波。存在相位波是物体的能量和动量同时满足量子条件和相对论关系的必然结果。他通过严格论证得到：相位波的波长是普朗克常数除以物体的相对论动量。这就是著名的德布罗意波长与动量的关系。此外，德布罗意把相位波的相速度和群速度（能量传递的速度）联系起来，证明了波的群速度等于粒子速度，确定了群速度与粒子速度的等同性。他的这些研究成果形成了比较完整的物质波理论。

玻恩 1926 年的概率解释

德国物理学家、哥廷根派的 M. 玻恩（1882~1970），因为他在 1925 年的矩阵力学和 1926 年对波函数的概率解释，获得 1954 年度诺贝尔物理学奖。

在玻恩曾学习和任教的哥廷根大学的一块墓碑上，刻着这样的关系式：

$$pq - qp = \frac{h}{2\pi i}$$

这是玻恩生前认为他对科学做出的最重要贡献之一：位置和动量的对易关系。

玻恩是量子力学的创始人之一，他与海森堡和约尔丹一起，共同创立了矩阵力学。

玻恩对薛定谔波函数的物理意义做出了统计解释，即波函数的二次方代表粒子出现的几率。几率诠释被物理界广泛接受，玻恩也因此荣获诺奖。

此外，玻恩是晶格动力学理论的开拓者。他揭示了晶体的内部结构，即组成晶体物质微粒按照一定的规则排列在空间结点上。组成结点结构的物质微粒间具有很强的相互作用，这使得处在结点的物质微粒只能在结点附近做微小振动，即声子。他最后一本关于晶体的书是1954年完成的经典著作《晶格动力学理论》（与中国物理学家黄昆合作完成）[25]。

海森堡创建矩阵力学

海森堡（1901~1976）是德国物理学家，量子力学的第一名少年英雄！因为他在24岁时，就创建了新量子论，31岁时获得1932年的诺贝尔物理学奖。

在海森堡矩阵力学之前的量子化工作，算是旧量子论，即用量子化的想法"修补"经典物理而已。矩阵力学是新量子论（量子力学）的第一个篇章。

海森堡运用老师玻尔的对应原理，思考量子物理的微观不可观测量，与经典物理的宏观可观测量之间的互相对应关系。

海森堡认为，原子模型中电子的轨道（包括位置、动量等）是不可测量的量，而电子辐射形成的光谱（包括频率和强度）则是宏观可测的。那么，是否可以从光谱得到的频率和强度这些可测量，倒推回去得到电子位置及动量的信息呢？也就是说，如何将轨道的概念与光谱对应起来？

最后，海森堡使用了当时他并不理解的"非对易矩阵"的方法解决了这个问题。计算结果成功地解释了光谱的实验结果（光谱线的强度和谱线分布），使得电子运动学与发射辐射特征之间具有了关联。然而，他的方法却同时否定了原子中电子的轨道概念！

海森堡想，玻尔模型基于电子的不同轨道，但是，谁看过电子的轨道呢？也许轨道根本不存在，存在的只是对应于电子各种能量值的状态。所以，没有轨道，只有量子态！量子态之间的跃迁，可以精确地描述实验观察到的光谱，还要轨道干什么？如果你一定要知道电子的位置及动量，对不起，我只能对你说：它们是一些表格，无穷多个方格子组成的表格。

这是物理概念上一个革命性的突破！之后，在玻恩和约尔丹的参与下，三人共同建立了矩阵力学。1925 年 7 月 25 日这天，算是量子力学真正发明出来之日，距离普朗克旧量子论的诞生，已经过去了 25 年。

1927 年海森堡又提出了不确定性原理，为量子力学再做贡献，不愧为物理学家中的少年英雄！

薛定谔 1925 年建立波动方程

建立薛定谔方程的奥地利物理学家薛定谔（1887~1961），人称风流才子！因为他的传奇科学故事，是在他与一位神秘女友相约去到白雪皑皑的阿尔卑斯山上度假时发生的。美丽的爱情大大激发了薛定谔的科学灵感,薛定谔接连发表数篇论文,著名的薛定谔方程横空出世!

在1926年的1月、2月、5月、6月,薛定谔接连发表了4篇论文。实际上,在3月和4月也穿插发表了两篇相关的重要文章。这一连串射出并爆炸的6发"炮弹",正式宣告了波动力学的诞生。

第一篇(1月)《量子化是本征值问题Ⅰ》,将量子化的实质归结于数学上的本征值问题。薛定谔建立了氢原子的定态薛定谔方程并求解,给出氢原子中电子的能级公式,计算氢原子的谱线,得到了与玻尔模型及实验符合得很好的结果。

第二篇(2月)《量子化是本征值问题Ⅱ》,从含时的哈密顿–雅克比方程出发,建立一般的薛定谔方程,讨论了方程的求解。

3月的文章《微观力学到宏观力学》,阐明量子力学与牛顿力学之间的联系。

4月的文章《论海森堡、玻恩、约尔丹量子力学和薛定谔量子力学的关系》,从特例出发,证明矩阵力学与波动力学可以相互变换。

5月、6月的两篇文章,分别建立定态及含时的微扰理论及其应用。

1933年,46岁的薛定谔获得诺贝尔物理学奖。

泡利1925年得到不相容原理

W.泡利(1900~1958)的不相容原理,完美地解释了元素周期律!泡利生于奥地利维也纳,是那个时代公认最聪明的物理学家,以敏锐、谨慎和挑剔著称，人称"上帝鞭子"，物理学的良知！海森堡的好友，也是少年英雄！

1925 年 1 月，泡利提出了他一生中发现的最重要的原理——泡利不相容原理，为原子物理的发展奠定了重要基础。这个原理说的是：在原子的同一轨道中不能容纳运动状态完全相同的电子。不相容原理被称为量子力学的主要支柱之一，是自然界的基本定律，它使得当时所知的许多有关原子结构的知识变得条理化。人们利用泡利原理，对门捷列夫元素周期律给以完美的科学解释。

1927 年他引入了 2×2 泡利矩阵作为自旋操作符号的基础，由此解决了非相对论自旋的理论。泡利的结果引发了保罗·狄拉克发现描述相对论电子的狄拉克方程式。

泡利以严谨博学而著称，也以尖刻和爱挑刺而闻名。虽然为人刻薄、语言尖锐，但这并不影响泡利在同时代物理学家心目中的地位。在那个天才辈出、群雄并起的物理学史上最辉煌的年代，英年早逝的泡利仍然是夜空中最耀眼的几颗巨星之一，以致在他死后很久，当物理学界又有新的进展时，人们还常常怀念起他："不知道如果泡利还活着的话，对此又有什么高见。"

狄拉克 1928 年的相对论方程

另一位少年英雄是英国理论物理学家保罗·狄拉克（1902~1984），他的狄拉克方程，自动包括了相对论和自旋！他也是被物理学界膜拜的天才人物，以寡言少语著称。狄拉克是量子力学的奠基者之一，并对量子电动力学早期的发展做出重要贡献。1928年，他把20世纪物理学的两大发现"相对论"和"量子力学"结合起来，提出满足相对论的量子力学方程——狄拉克方程，成为物理学史上又一个里程碑。

狄拉克方程从理论上预言了正电子的存在，具有划时代的意义；它对原子结构及分子结构都给予了新的诠释。它自动地给出自旋，作为粒子的一种内禀性质，并预言了反粒子的存在。1933年，因为"发现了在原子理论里很有用的新形式"，狄拉克和薛定谔共同获得了诺贝尔物理学奖。

埃伦费斯特贡献于旧量子论

保罗·埃伦费斯特（1880~1933）是一位悲情科学家！埃伦费斯特生于奥地利，他的大多数成就都在数学和基础物理方面，其方向与他的老师玻尔兹曼一脉相承，集中在统计力学、热力学和量子力学领域。量子力学里有著名的埃伦费斯特定理，简单说来就是：量子算符的期望值对于时间的导数，跟这量子算符与哈密顿算符的对易算符相关。玻尔和爱因斯坦都对这一成就大加赞赏，特别是玻尔，多次说过自己的思想曾经受过埃伦费斯特的启发。

与学术成就相比，埃伦费斯特在教育以及推动物理学发展方面做的贡献更大。他在物理学界十分活跃，与洛伦兹、爱因斯坦、玻尔、普朗克、奥本海默等人都保持了良好的关系。除了花大量的时间组织各种物理学的交流讨论，埃伦费斯特还非常热心于学生的培养，爱因斯坦称其为"我所见过的最好的教授"，奥本海默等后辈物理学大师也都得到过他的提携和指点。

就是这样一个在科学界口碑和人缘都好到极致的人，在晚年却陷入了难以自拔的消沉。据说他是因为面对当时一日千里的物理学风云变幻，感到自己廉颇老矣、无力再战，陷入了无尽的沮丧和消沉之中。1933年，他终于决定结束自己痛苦的生命，在枪杀了他患有唐氏综合征的儿子后开枪自杀，竟然步了他的老师玻尔兹曼的后尘。

经典物理老前辈洛伦兹

H. A. 洛伦兹是现代物理的先驱者。1911~1927年，他担任索尔维会议的固定主席。在国际物理学界的各种集会上，他经常是一位很受欢迎的主持人。

洛伦兹见证了从经典物理向现代物理的飞跃。他是经典电子论的创立者。因成功地解释了塞曼效应，塞曼和洛伦兹共同获得1902年诺贝尔物理学奖。

1904年，他发表了著名的洛伦兹变换公式，解决以太中物体运动问题，并指出光速是物体相对于以太运动速度的极限。后来，洛伦兹变换成为狭义相对论中最基本的关系式，狭义相对论的运动学结论和时空性质，如同时性的相对性、长度收缩、时间延缓、速度变换公式、相对论多普勒效应等都可以从洛伦兹变换中直接得出。

玻尔与爱因斯坦的辩论

第五届索尔维会议的核心课题是光子和电子，会议探讨了量子力学的基本问题，并首次展开了哥本哈根学派（以玻尔、玻恩和海森堡为代表）与爱因斯坦一派（还包括薛定谔和德布罗意）的激烈辩论。这场辩论在随后的岁月里，旷日持久，人称"玻爱世纪之争"。

玻尔和爱因斯坦有关量子力学诠释问题的辩论从第五届索尔维会议开始，在三年之后1930年的第六届索尔维会议达到高潮。再后来，由于第二次世界大战，爱因斯坦被迫离开欧洲，定居到美国普林斯顿，未能出席后来的索尔维会议，辩论采取了另外一种方式进行。

1935年，爱因斯坦和他在普林斯顿的两位同事，合写了一篇被后人称为EPR的文章，提出量子纠缠的例子来说明量子力学的不完备性，以表明他对玻尔一派的挑战，对哥本哈根诠释的不满，等等。有关如何诠释量子力学的问题，一直延续至今。对量子纠缠的理解仍然隐含着关于粒子与波、超距作用等未解之谜。对此我们不做更多介绍，有兴趣的读者请看参考文献[26]。

朗道：凝聚态

列夫·达维多维奇·朗道（1908~1968）是一位颇具传奇色彩的物理学家，无论他的学术生涯和学术成就，还是他六十年跌宕起伏的人生，都充满传奇，使人赞叹、令人敬仰，也让人伤感。他由于出生在爱因斯坦狭义相对论发现之后三年、普朗克量子假说之后八年，没有来得及参与相对论和量子力学两大学说的创立，曾经自叹未能跻身于 20 世纪初期那一批伟大的物理学家之列，但他对物理学的贡献和在物理学界的名望，却是学界公认的。这位苏联犹太天才，是一个全能的理论物理学家[27]。

朗道对物理学的革命性贡献，在于奠基了现代凝聚态物理学。由于对凝聚态特别是液氦的先驱性理论，朗道被授予 1962 年诺贝尔物理学奖。在他 50 寿辰之际，苏联学界把他对物理学的十大贡献刻在石板上作为寿礼，并以膜拜先知一般的礼仪，称之为"朗道十诫"。

青年奇才

朗道无疑是一位天才。他从小聪明过人，并善于自学，他 7 岁学完了中学数学课程，12 岁时就已经学会微分，13 岁时学会了积分，14 岁上大学。16岁他由巴库大学转入刚刚易名的列宁格勒大学（圣彼得堡大学），19岁毕业。毕业之前他就做了两项极有分量的研究工作，特别是在用波动力学处理韧致辐射的论文中，首次使用了后来被称为密度矩阵的概念。密度矩阵在后来的量子力学和量子统计物理学中起了重要的作用。在列宁格勒大学，朗道第一次触碰到了 20 世纪二三十年代物理学发展的热浪，深深为尚处于形成阶段的量子理论所吸引。他惊叹于海森堡、薛定谔、索末菲和狄拉克的量子力学的科学之美，更体验到它们凝聚着人类的智慧和创造力。朗道本人正是一位才华横溢，对创造新事物、新理论充满激情的人，所以相对论和量子力学初创时期的天才辈出，引起他深深的共鸣。他尤其热衷于最富有浪漫色彩的"时空弯曲"和"测不准关系"。朗道对于自己没能赶上量子力学创建的辉煌历史时刻，感到极度惋惜。

在当时的苏联，朗道侥幸获得了出国游学的机会。在不到两年的时间中，朗道先后在德国、瑞士、荷兰、英国、比利时和丹麦进修访问。他曾回忆说，在这段时间里，除了费米之外，他有幸见到了几乎所有的量子物理学家。在与这些著名科学家的交往中，朗道充分地展示了他独特的才华和个性。

一个非常著名的传闻是：有一次爱因斯坦演讲，当主持人请听众对演讲者提问时，一位年轻人从后排座位上站起来说道："爱因斯坦教授告诉我们的东西并不是那么愚蠢，但是第二个方程不能从第一个方程严格推出。它需要一个未经证明的假设，而且它也不是按照应有的方式成为不变的。"与会者都惊讶地回过头来注视这位似乎不知天高地厚的年轻人。爱因斯坦用心地听着，对着黑板思索片刻后对大家说："后面那位年轻人说得完全正确。诸位可以把我今天讲的完全忘掉。"

在丹麦的哥本哈根，朗道深受"哥本哈根精神"的感染，他在那里只待了四个月左右的时间，但却对玻尔十分敬仰，终生只承认自己是玻尔的学生。而玻尔也对这位年轻人非常欣赏，他这样评价朗道："他一来就给了我们深刻的印象。他对物理课题的洞识力，以及对人类生活的强烈见解，使许多次讨论会的水平上升了。"后来朗道和好友佩尔斯研究了将量子理论应用于电磁场的可能性，提出了在量子理论中电磁场量的可观测性问题，并为此又专程赶到哥本哈根，与玻尔进行了长时间的激烈讨论，启发玻尔和罗森菲尔德撰写了关于这个问题的著名论文。

明知苏联国内局势的险恶，朗道还是执意返回自己的祖国。1931年春天朗道回国时，对好友罗森菲尔德说："我必须为我的国家工作。这是一次长久的离别。也许是永久的离别，除非你来访问我们。"后来，只在1933年和1934年，朗道再度短期访问过哥本哈根。

如果说朗道欧洲之行造访哥本哈根和拜会玻尔是他最重要的收获，那么他在访问欧洲期间另外一个重要的会晤，就是在剑桥的由卢瑟福主持的卡文迪什实验室，朗道结识了在这里工作的自己的同胞——同样是苏联伟大的物理学家、诺贝尔物理学奖获得者——彼得·卡皮查，卡皮查则成了朗道后来的生涯中非常重要的人物。

卡皮查在苏联物理界地位崇高。苏联政府向英国购回了卡皮查在剑桥大学的实验设备，使他能够在国内继续从事低温领域的研究。剑桥的卢瑟福也鼎力支持，把整个实验室的设备运送给他，苏联政府专门为他成立了"物理问题研究所"。1937 年，朗道被邀请到卡皮查的研究所担任理论部主任，在那里有卡皮查的佑护，朗道如鱼得水，一直工作到生命的终点。在这之前，朗道先后由于与顶头上司冲突而离开了列宁格勒和哈尔科夫两个研究所。因为朗道在内心深处是个自由主义者，与当时苏联的政治体制很难相容，同时又在学术问题上与研究所的领导有分歧。在列宁格勒，尽管朗道是正确的，但却冒犯了这位权威的所长约飞，使两人水火不能相容。两人的矛盾在一次朗道做学术报告后爆发，约飞公然对朗道所讲的内容不以为然，而朗道则毫不客气地当众回敬道："理论物理学是一门复杂的科学，不是任何人都能理解的。"冲突到这般地步，朗道最后不得不离开列宁格勒。

从固体物理学到凝聚态物理学的革命性飞跃

在哈尔科夫工作时期，是朗道学术生涯的一个高潮。他发展了普遍的二级相变理论，即化学势的二阶偏微分发生突变的相变理论。二级相变最广为人知的例子是液氦的 λ 点 1.7K。液氦的液化温度是 4.2K，但当温度到达 λ 点时，液面会从沸腾状态突然平静下来，即发生了二级相变。这不但在理论上是个突破，在实验上，对于把样品置于液氦之中进行低温光学测量非常重要。二级相变理论不但解释了许多当时认为很奇特的现象，而且为此后各种新型相变的研究开辟了道路。朗道就铁磁体的磁畴结构、铁磁共振理论和反铁磁态理论、原子碰撞理论、原子核物理学、天体物理学、量子电动力学、气体分子运动论、化学反应理论和有关库仑相互作用下的运动方程等广泛领域都做了深入的研究。固体中的电子在磁场作用下的回旋共振形成的量子化能级被称为朗道能级，因为相关的薛定谔方程是由朗道解出。

朗道在物质凝聚态的研究方面继往开来，奠定了许多基本工作。可以说，从固体物理学到凝聚态物理学的过渡，是从朗道的工作开始的。他本人则对超流性的工作尤其满意，当有人问他"您一生中最得意的工作是什么"时，他回答："当然是超流性理论，因为至今还没有人能够真正懂得它。"他还预言了：在超流性的氦中，声音将以两种不同的速度传播，也就是说声波有两种类型，一种是通常的压力波，另一种是温度波即所谓的"次声"。这一预见1944年得到实验证实。

什么是超流性理论呢？液态氦在 –271℃以下时，它的内摩擦系数变为零，这时液态氦可以流过半径为 10^{-5} 厘米的小孔或毛细管，这种现象叫作超流现象（superfluidity），这种液体叫作超流体（superfluid）。

20世纪30年代末，卡皮查首先观测到液态氦-4的超流体特性。他因此获得1978年诺贝尔物理学奖。这一现象很快被朗道用凝聚态理论成功解释。而卡皮查正是以这项工作的理论解释非朗道莫属为借口，营救了狱中的朗道。不过，科学家直到20世纪70年代末，才观测到氦-3的超流体现象，因为使氦-3出现超流体现象的温度只有氦-4的千分之一。爱因斯坦预言，原子气体冷却到非常低的温度，所有原子会以最低能态凝聚，物质的这一状态被称为玻色-爱因斯坦凝聚态。玻色-爱因斯坦凝聚态物质就是超导体和超流体，它实际是半量子态，在半量子态下，费米子像玻色子一样可以在狭小空间内大量凝聚。

超流体原理的应用仍然在研究之中，不过其前景已经初见端倪。2002年，德国科学家实现了铷原子气体的超流体态与绝缘态的可逆转换。世界科技界认为该成果将在量子计算机研究方面带来重大突破。

朗道是把固体中的电子体系当作多体系统来研究的开创者，他基于对超导、超流和铁磁性的研究，建立了二级相变理论，统一了大量不相关的现象，建立了相、相变、对称性等现代凝聚态的观念。

所谓一级相变所需满足的条件是：

（1）两相的化学势在某个等压等温的条件下必须相等；

（2）两相的化学势对温度 T 和压强 P 的一级偏导不相等——这意味着，相变时存在相变潜热和体积突变（因为相变潜热是化学势对温度 T 的一级偏导，而体积突变是化学势对压强 P 的一级偏导）。

而连续相变呢？除满足条件（1）后，还必须满足化学势对温度 T 和压强 P 的一级偏导相等，对二级偏导则无要求（二级偏导不相等时，即称为二级相变）。二级相变时如热容、等温压缩系数、膨胀系数等各个热学参量会发生突变。而朗道的连续相变理论则对这些热学参量在临界点附近发生突变进行了解释，把发生突变的原因归结为物质的有序程度和对称性发生了改变。

可以以单轴铁磁体为例，简单说明朗道理论。朗道以自发磁化强度 M 作为序变量，作为描述物质有序性程度的物理量。显然，M 在温度小于临界温度 Tc 时，有序性较高，偏向某一方向，呈现出各向异性，即铁磁性。当温度升高，到达临界温度 Tc 时，$M = 0$，呈现无序性，对称性较高，呈现各向同性，即顺磁性。也就是说，随着温度升高，M 由非零转变为零，从有序性向无序性转变。可以用数学来表示 M, H, x（磁化率），我们会发现它们在临界温度附近，有两个不同的表达式，说明这些参量在临界温度附近发生了突变，即连续相变。并且通过对 M, H, x 的演算，可以得到临界指数，从而发现一些不依赖于各物质特性的普遍规律。

1943~1946 年，朗道还对基本粒子物理学和核相互作用理论进行过大量工作。他研究了电子簇射的级联理论和超导体的混合态等问题，发展了关于燃烧和爆炸的理论、质子－质子散射和高速粒子在媒质中的电离损失等理论，还提出了等离子体的振动理论。在 1947~1953 年，朗道又在电动力学方面进行过一系列工作，研究了氦 II（即静止的液态氦）的黏滞性理论、超导性的唯象理论和粒子在高速碰撞中的多重起源理论。

朗道思想敏锐，学识广博，精通理论物理学的许多分支。他涉猎的范围之广，令人匪夷所思。在他 50 岁生日时，朋友们列举了他对物理学的十大重要贡献，戏称"朗道十诫"。

他的另一些引人注目的贡献是：1937 年利用费米气体模型推测恒星坍缩的质量；1946 年在理论上预言等离子体静电振荡中不是由碰撞引起的耗散机制（称为朗道阻尼）的存在——过了 18 年后这一预言才由一些美国物理学家在实验上予以证实；等等。

坎坷人生

智力过人的朗道对于苏联残酷的"大清洗"当然非常敏感。他曾试图以一个惊世骇俗的关于"中子星"的科学发现来引起国际关注，从而保护自己。玻尔也心领神会地予以响应和支持。但最终他还是逃不过克格勃的魔爪。1938年4月28日，30岁的朗道被捕入狱。当时朗道身体很差，他后来回忆说："我在狱中呆了一年，显然再有半年我就会死掉。"幸而卡皮查救了他。如前所述，卡皮查发现了超流，以此为借口，他直接写信给斯大林，并以自己的人格担保，以辞职相要挟，才使朗道于1940年得以释放。介入营救朗道的还远远不止卡皮查一个人，玻尔也曾经为此事给斯大林写了求情信，恳求斯大林赦免朗道。

然而，正当命运多舛的朗道步入科学创造的盛年，一场车祸断送了他的工作能力。1962年1月7日晨，54岁的朗道在车祸中断了11根骨头并头骨骨折。全世界都为朗道而悲哀，为他祈福并伸出援助之手。但是朗道勉强保住了生命，却留下了严重的后遗症。朗道的车祸提醒了瑞典的诺贝尔奖委员会，是时候为这位天才的物理学家授予他毕生应得的最高荣誉了。同年年底，朗道被授予了诺贝尔物理学奖，以表彰他在24年前提出的关于凝聚态，特别是液氦的先驱性理论。颁奖仪式为他破例在莫斯科举行，由瑞典驻苏联大使代表国王授奖。朗道在车祸后勉强延续了6年的生命，于1968年4月1日，在莫斯科与世长辞，在60岁的金色年华告别了他所钟爱的物理学和他怀有无限深情的世界。

青年导师

朗道不但是非凡的科学家，也是杰出的启蒙者和教育家，他出众的才华世所公认，而他精彩的演说能力更具有令人着迷的魅力。在他的光环下，会聚了一批青年才俊，逐渐形成誉满全球的朗道学派。他的麾下名家辈出，2003 年诺贝尔奖得主阿布里科索夫和金兹堡都是他的学生。

在哈尔科夫时，除了杰出的科研工作以外，朗道对教育，特别是培养出色的研究生倾注了巨大的精力。朗道创立了著名的理论物理学须知，后来也被称为"朗道位垒"的考试纲目。其中除了数学内容之外，几乎囊括了理论物理学所有的重要分支。在朗道逝世前，仅有 43 人冲过了这个"位垒"（中国物理学家郝柏林完成了考试，但由于朗道的车祸，没有真正师从朗道），其中许多人后来闻名遐迩。

朗道一生的著作多达 120 余部，涉及当时物理学各个领域。他的许多著作分别在美国、日本、中国、英国、波兰、南斯拉夫翻译出版。尤其是在英国还翻译出版了他的全套理论物理学教程。

特别令人称道的是，朗道对物理人才的培养，也是"从娃娃抓起"。他十分关心中学物理教学，为了使学生们从小在物理方面打下良好的基础，他与人合编了一套《大众物理》，以通俗易懂的、富有趣味的形式介绍物理学基本定理，使孩子们对相对论、量子力学、原子和原子核结构等方面的最新成就可以获得初步的概念。可以说，朗道是真正意义上的科普的开路人和导师。

朗道风格

朗道作为一个普通人，是"简单化作风和民主作风，无限偏执和过分自信的奇妙混合体"。这种复杂或矛盾的性格处处体现在他的生活中。

朗道具有极高的眼界和境界，他鄙视那些为了世俗的名利而"做学问"的庸人，把那种人叫作"靠科学吃饭的人"。他也看不起那种华而不实的学术"论文"，说那只是"废话"和"空气中的振动"。他重视思想交流（包括国际交流），把那些夜郎自大、固步自封的人物叫作"病态物理学家"。他要求自己的论文每篇都有基本的重要性，从来不理会那些无关宏旨的烦琐题目。他热爱自己的工作，真正做到了锲而不舍。在监狱中，当生命和荣誉都受到无比严重的威胁时，他还经常沉浸在学术思维中而达到废寝忘食的地步。在学术讨论中，他常常一针见血地指出别人的错误和缺点。在这方面，人们常常把他和泡利相提并论，而且在态度的不留情面和语言的尖锐坦率方面，朗道的作风甚至比以尖刻著称的泡利还有过之而无不及。

性格鲜明的朗道当然很难成为完人。他过于自负，对自己的智慧和直觉产生了太大的自信，这使他目中无人。他当上苏联科学院物理学部的主任后，更加固执、武断，缺乏民主精神。1956年，他的这种过于自负的个性使苏联科学院蒙受了一个无法弥补的损失：当时，苏联物理学家沙皮罗在对介子衰变的研究中，发现了介子衰变过程中宇称不守恒。他向朗道报告了自己的发现，而朗道过于相信自己的直觉，对此不以为然。他认为，宇称一直是守恒的，无论是在宏观状态还是在微观状态。而且他相信凡是与他的物理直觉不合的想法，必定是错误的。所以当沙皮罗将自己的研究成果写成论文请他审阅时，他却不屑一顾。

几个月之后，杨振宁和李政道提出了弱相互作用下宇称不守恒的理论，不久，又由吴健雄用实验给出了证明。第二年，杨振宁和李政道获得了诺贝尔物理学奖。而沙皮罗却因为朗道的轻蔑，虽然发现在先而与诺贝尔奖失之交臂。天才和成就造就的家长作风，使朗道断送了苏联科学家获得诺贝尔奖的一次难得的宝贵机会。

朗道短暂的一生，一方面辉煌灿烂，另一方面也充满悲剧情怀。他临终的一句话，"我这辈子没有白活，总是事事成功"，给自己的人生画下了一个浓墨重笔、色彩斑斓的句号。

费曼：量子电动力学

理查德·菲利普斯·费曼（1918~1988）[28]，美籍犹太裔物理学家，加州理工学院物理学教授，1965年因在量子电动力学方面的贡献与施温格、朝永振一郎一同获得诺贝尔物理学奖。

量子电动力学是量子场论的第一个理论。从量子力学到量子场论，可算是一种"温和的"革命，费曼便是其中主要的代表人物之一。

灿烂人生

费曼是一位典型的、在时间上离我们不太远的物理传奇人物。他被许多人认为是爱因斯坦之后最天才的理论物理学家。他21岁以优异成绩毕业于麻省理工学院，毕业论文发表在《物理评论》上，里面有一个后来以他的名字命名的量子力学公式。费曼对当时量子物理中的发散问题感兴趣，立志要解决这个难题。他去到普林斯顿大学当惠勒的研究生，致力于研究这个发散困难。1942年，他参与秘密研制美国原子弹项目"曼哈顿计划"。在洛斯阿拉莫斯国家实验室，他成为曼哈顿项目在理论上的小组长。1945年7月16日，他观看了世界第一颗原子弹在新墨西哥阿拉莫戈多爆炸。同年，"曼哈顿计划"结束，费曼在康奈尔大学任教。

1950 年到加州理工学院担任托尔曼物理学教授，直到去世。

费曼一生成果斐然、影响重大，在物理学上的成就光彩夺目。1949 年，他发表了"正电子理论"和"量子电动力学的空时探讨"，就电子与光子的相互作用给出了相应的费曼图、费曼规则和重整化的计算方法，这些方法后来成为研究量子电动力学和粒子物理学不可缺少的工具。费曼也是第一位提出纳米概念的人，从而开启了一场科技革命。他的《费曼物理学讲义》教科书，别具一格、概念深入、讲法新颖、启发心智，对物理教育产生了重大而深远的影响。这些成就可归因为他所在的犹太家庭自由而开放、极富启发性的良好教育；此外，父亲极力培育他崇尚大自然之美，这对于费曼作为科学家和教育家的一生都是最宝贵的财富。

费曼不仅是著名物理学家，也关心并积极参与社会活动，他在 1986 年"挑战者"号航天飞机失事后，受委托调查失事原因。费曼显示了一位真正的物理学大师对客观世界的非凡洞察力。他做了著名的 O 型环演示实验，只用一杯冰水和一只橡皮环，就在国会向公众揭示了"挑战者"号失事的根本原因：低温下橡胶失去了弹性。

费曼作为真正的学者，具有无比高尚的人格。他在自己的爱人艾琳重病之际，不顾家人的反对而在去医院的路上坚持举行了婚礼。他深情而真挚的爱感动世人。他对艾琳说："亲爱的，你就像是溪流，而我是水库，如果没有你，我就会像遇到你之前那样，空虚而软弱。而我愿意用你赐予我的片刻力量，在你低潮的时候给你抚慰。"当他从事原子弹研究时，尽管妻子生命垂危，面对她多次的关切，他也没有透露自己的秘密工作，而第一颗原子弹试爆不过是在艾琳病逝仅仅一个月之后。费曼既忠实于爱情，又忠实于事业。这是一个大写的人！1965年，在获得诺贝尔物理学奖后接受采访时，费曼说："我要感谢我的妻子……在我心中，物理不是最重要的，爱才是！爱就像溪流，清凉、透亮……"

科学奇才

费曼一生著作等身，涉猎甚广，在量子电动力学、统计力学、基本粒子，以及量子力学路径积分等领域都有杰出贡献并留下经典著作。费曼也有许多可以视作高级科普且富有哲学意味的著作，例如《物理定律的本性》《你管别人怎么想》《这个不科学的年代》《发现的乐趣》《费曼最后的讲座：太阳的行星》《费曼物理学诀窍》，等等。甚至关于费曼的书籍，也脍炙人口，例如：《别闹了，费曼先生》《费曼传》等。在当今世界上，除了牛顿和爱因斯坦，恐怕最广为人知的大物理学家就是费曼了。

费曼的出类拔萃之处在于，他总是以自己独特的方式来研究物理学。在中学时代，费曼第一次听到老师讲解"最小作用量原理"，被大自然这个神奇的原理深深震撼。当他接触到量子力学之后，他不受已有的薛定谔的波函数和海森堡的矩阵这两种方法的限制，而是破天荒地将最小作用量原理应用于量子力学，独立地提出用跃迁振幅的空间—时间描述来处理几率问题。他以几率振幅叠加的基本假设为出发点，以作用量的表达形式，对从一个空间—时间点到另一个空间—时间点的所有可能路径的振幅求和。这一方法简单明了，成了量子力学的第三种表述方法。

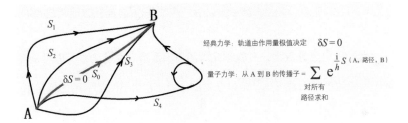

图 20—1：费曼路径积分

如图 20—1 所示，费曼路径积分的形式不但能得出与另两种形式相同的答案，而且它使人能够容易地看出经典力学与量子力学之间清晰的连接，意味着在更高的层次上二者其实都分别是大自然统一规律中的一部分。换言之，牛顿经典力学中粒子的运动轨迹，遵循最小作用量原理，走一条 A 到 B 中所有路径中作用量最小的道路。而对量子力学中的粒子，从 A 到 B 的所有路径都有贡献，即粒子同时走所有的路！这正是量子力学不同于经典力学之处。

费曼发展路径积分表达方法，不仅用于量子力学，也应用于场论，并于 1948 年提出量子电动力学新的理论形式、计算方法和重整化方法，从而避免了量子电动力学中的发散困难。量子场论中的"费曼振幅""费曼传播子""费曼规则"等均以他的姓氏命名。路径积分的思想能够对物理行为给出一种直觉，提供一个鲜明的智力图像。

除了量子电动力学方面的卓越贡献，费曼还建立了解决液态氦超流体现象的数学理论。他和默里·盖尔曼在弱相互作用领域，比如 β 衰变方面，做了一些奠基性工作。费曼通过提出高能质子碰撞过程的层子模型，在夸克理论的发展中，起了重要作用。

费曼无比热爱教学，对教学充满活力和激情。他认为没有教学的生活，再舒适也是乏善可陈、难以忍受的。因此，他不但是卓越的科学家，也是伟大的教育家。费曼说："教学和学生使我的生命得以延续。如果有人给我创造一个很好的环境，但是我不能教学的话，那我永远不会接受，永远不会。"

费曼主张在物理学习和研究中大胆探索和创新，他认为物理教学目标要具有多维度，物理教学中要理论联系实际，付诸实践，他十分强调正确地探究自然的方法，着重于提高创新的能力。他热爱学生，热爱教学，追求教学的创新性。费曼曾经总结了学习物理学的五个理由：首先是能学会测量、计算及其应用，这可以培养工程师；第二是不仅能致力于工业的发展，而且为人类知识的进步做出贡献，也就是培养科学家；第三是认识自然的美妙，感受世界的稳定和实在；第四是由未知到已知的学习过程，来掌握科学的求知方法；第五是通过尝试和纠错，学会自由探索的创造精神，这点具有普遍意义，是应试教育中最匮乏的精神。

费曼有一句名言，意思是"教师讲不懂别人，是自己没有真懂"。中国物理大师黄昆也有一句非常类似的话，他说："听不懂，永远不是听者的问题，而是讲者的问题。"要讲懂别人，自己首先要真懂！并且，在审视学生提出的问题中，往往能萌生新思想，思考新问题。费曼甚至希望人们能记住他的名字，首先是因为他的教学工作。费曼热心科普，孜孜不倦，他的"量子电动力学讲座"和"微小的机器——费曼说纳米"的公众讲演，在非物理大众中有极大影响。

费曼有"大师"级的特殊能力，能把复杂的观点用简单的语言表述出来，能把繁复的东西化为简单易懂的道理，这是他对物理学通透理解的表现。在获得的诸多奖项中，费曼最为自豪的是1972年获得的奥尔斯特教育奖章。1962年出版的《费曼物理学讲义》专业教材，受到《科学美国人》杂志的赞誉。对深奥难懂的物理内容，费曼的描述丰富且富有启发性。这本教材出版后，成为讲师、教授和低年级优秀学生的最佳学习指南。费曼曾经应邀对巴西教育做过几个月的考察，并切中要害地指出那里的教学网全是为了应付考试，所以培养不出杰出人才。费曼说：实在看不出在这种一再重复下去的体制中，谁能受到任何教育。大家都努力考试，然后教下一代如何考试，结果大家什么都不懂。反观中国的教育，又何尝不是如此呢？

物理与艺术

费曼的生活丰富多彩，特具个人魅力。除了物理学之外，他还是一名杰出的邦戈鼓手、绘画爱好者、开保险柜"专家"等，被人誉为：魔术师一般的天才、科学顽童。他的邦戈鼓能上台表演，他的画作曾经被人买去收藏。

费曼觉得他对于艺术的热爱是和物理密切相关的，因为两者都出于对大自然的热爱、好奇心，以及对大自然探索的愿望。科学和艺术，都

图 20—2：费曼的艺术作品

表达了自然世界的美妙与复杂，只不过前者是用公式和理论表达，而后者使用线条和色彩表达。例如，科学家研究原子之间复杂的结构和运动方式时，会有一种精彩壮观的感觉，这是一种对于科学的敬畏！而通过绘画，人们也可以有同样的体会，感受宇宙的辉煌和美妙！浑身充满艺术细胞的费曼，通过画笔表达对于自然之美的情感。他的学生说他"正如他喜欢谈论的原子微粒一样，总是处于动态之中，像个舞蹈演员，昂首挺胸地走来走去，双手画出复杂而优美的弧线"。《纽约时报》评论费曼是一位不可思议的理论物理的伟大宣讲者，把形体语言和音响效果都巧妙地结合起来。有人这样评价费曼："普通的天才完成伟大的工作，但让其他的科学家觉得，如果自己努力的话，那样的工作他们也能完成；另一种天才则像表演魔术一般。而后一种天才，就是费曼。"言外之意，费曼的天才是不可企及的，他是超天才。

确实，费曼是物理传奇中的传奇！

巴丁：晶体管和半导体

著名的诺贝尔奖从1900年开始到2020年，已经有了120年的历史，在众多的诺贝尔物理学奖得主中，唯有一位物理学家，是得过两次诺贝尔物理学奖的人，这不能不说是一个传奇，但创造这个传奇之人的名字，却鲜为人知，他是约翰·巴丁，一位美国物理学家！

巴丁的成就，不是物理概念意义上的革命，却导致了对现代文明社会最重要的科学革命：计算机革命及信息革命。

发明晶体管

巴丁（1908~1987）是一位优秀的理论物理学家，普林斯顿大学的数学物理博士[29]。他温文儒雅，是一位大学教授的儿子。他的研究工作，从半导体、晶体管，到凝聚态物理中的超导体，涵盖了当今物理学中最有实用价值、最为热门的领域。

首先我们讲讲他参与制造人类第一个晶体管的故事。

第二次世界大战胜利在望之时，美国政府加强了对半导体材料的研究，以开拓电子技术的新领域。1945年夏天，贝尔实验室正式制订了一个庞大的研究计划，决定以固体物理为主要研究方向。

1945 年 10 月，巴丁加入贝尔实验室的肖克利小组，参与到研究开发制造晶体管的项目中。这个小组还有另外两位美国物理学家：课题负责人威廉·肖克利（1910~1989）和另一位同事沃尔特·布拉顿（1902~1987）。

这三人可谓珠联璧合：肖克利是生于伦敦的美国人，麻省理工学院毕业的研究半导体的物理博士，当时已经在 P–N 结研究及策划制造晶体管领域奋斗数年；布拉顿是实验高手；而巴丁是理论天才。

对晶体管的课题，肖克利有些想法，但和布拉顿一起进行的几次实验都失败了。擅长理论计算的巴丁潜心研究了这个问题，发现电场无法穿越半导体的原因可能是受到金属片屏蔽。他进而提出了固体的表面态和表面能级的概念。经过再次计算，他认为不需要像肖克利计划的那样将刀片插进半导体中，而是只需要在晶体的表面下功夫，形成两个位置精确的触点就行了，即制造"点接触晶体管"。

巴丁的计算，结合他们多次实验的体会，锗半导体上两根金属丝的接触点靠得越近，就越有可能引起电流的放大。这需要在晶体表面安置两个大约相距只有 5×10^{-3} 厘米的触点。

布拉顿有信心克服这最后一道难关，他找来一块三角形的厚塑料板，从尖尖的顶角朝三角形的两边贴上了一片金箔，又小心仔细地用锋利的刀片在顶角的金箔上划了一道细痕，然后，将三角塑料板用弹簧压紧在掺杂后的半导体锗的表面上。最后，再将一分为二的金箔两边分别接上导线，作为发射极和集电极，再加上金属基底引出的基极，总共三条线，将它们分别接到了适当的电源和线路上。

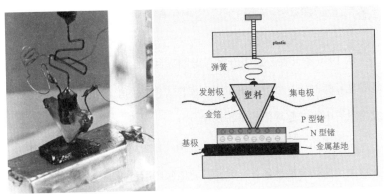

图 21—1：点接触晶体管：第一个晶体管实物（左）；第一个晶体管模型（右）

1947 年 12 月 16 日，他们终于观察到两个触点间的电压增益为 100 倍的数量级，第一个晶体管就此诞生了！

从上图中看到，第一个点接触晶体管不是那么漂亮，显得原始而笨拙，但这却是一个划时代的发明。

那年圣诞节的前两天，巴丁和布拉顿将这个晶体管与其他元件装配起来，组成了一个可用于助听器中的声音放大器，演示给同僚们看，这个当年被大家戏称为"三条腿的魔术师"，不愧是一个名副其实的、巴丁等人献给人类文明的"伟大的圣诞节礼物"！

当年，巴丁和布拉顿、肖克利之间，发生了一些不愉快的纠葛。后来，一个月后，肖克利自己又发明了一种全新的、能稳定工作的"P–N 结型晶体管"，这是后来双极性结型晶体管的前身，一直沿用至今。晶体管的发明成为人类微电子革命的先声，也导致三人后来共同获得了 1956 年诺贝尔物理学奖。

从 1950 年开始，巴丁开始考虑超导问题，攀向另一个科学高峰。超导现象指的是一些导体的电阻在温度下降接近绝对零度时会突然消失成为没有电阻的超导体的奇特现象。

众所周知，材料在导电过程中会消耗能量，表现为材料的电阻，电阻越大，消耗能量越多。一般而言，电阻随着环境温度的降低而减小。1911 年，荷兰物理学家海克·昂内斯（1853~1926）发现水银样品以及其他的一些金属，在低温（4K 左右）时电阻消失等于 0，这被称为超导现象。昂内斯因此而获得 1913 年的诺贝尔物理学奖。

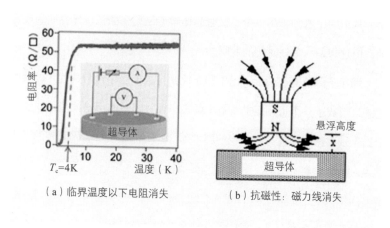

（a）临界温度以下电阻消失　　　（b）抗磁性：磁力线消失

图 21—2：超导基本特性

超导之应用领域包括：医院里的核磁共振成像、加速器、磁悬浮以及核聚变研究等。例如，日本所研制的低温超导磁悬浮列车在 2015 年创造了地面轨道交通工具载人时速 603 公里的世界纪录，并计划于 2027

年修建中央新干线磁浮线，充分显示出超导应用的巨大潜力。

巴丁后来因为与肖克利不合，离开了贝尔实验室，从1951年开始成为了伊利诺伊大学香槟分校电机系及物理系的教授。那时候，巴丁研究的课题是超导现象的微观物理机制。

几年之后，巴丁和利昂·库珀、约翰·施里弗三人提出了以他们名字第一位字母命名的BCS理论，解释了超导现象的微观机理，之后这个理论被称为是超导现象的常规解释。BCS理论认为：靠晶格振动，即声子的耦合，使自旋和动量都相反的两个电子组成动量为零、总自旋为零的库珀对，库珀对如同超流体一样，可以绕过晶格缺陷杂质流动从而无阻碍地形成超导电流。学界认为，BCS理论基本解释了低温下的超导现象，三位学者也因此而获得1972年的诺贝尔物理学奖。

电子间的直接相互作用是相互排斥的库仑力。如果仅仅存在库仑力直接作用的话，电子不能形成配对。但BCS理论认为，电子间还存在以晶格振动（声子）为媒介的间接相互作用。电子声子间的这种相互作用在满足一定条件时，可以是相互吸引的，正是这种吸引作用导致了库珀对的产生。在很低的温度下，库珀对的结合能可能高于晶格原子振动的能量，这样，电子对将不会和晶格发生能量交换，也就没有了电阻，形成所谓"超导"。

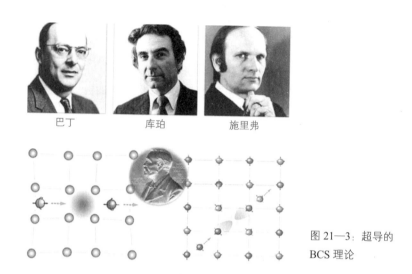

巴丁　　　　库珀　　　　施里弗

图21—3：超导的
BCS 理论

　　在BCS理论提出的同时，尼科莱·勃格留波夫使用勃格留波夫变换，也独立地提出了超导电性的量子力学解释。

更多凝聚态物理和超导

　　20世纪40年代，物理学家在晶体学、冶金学等基础上，建立了固体物理学，又在晶体周期性势场中的电子态研究的基础上，应用量子力学，结合薛定谔方程，发展了固体的能带论，预言了半导体的存在，并且为晶体管、集成电路的制造，提供了坚实的理论基础。

　　到了60年代，有了凝聚态物理这个新名词，它不仅是固体物理的延拓，使其研究对象不仅仅包括固体物质，还包括液态物质，甚至包括某些特殊的气态物质，如经玻色－爱因斯坦凝聚的玻色气体和量子简并的费米气体；更重要的是引进了新的概念体系，这既有利于处理传统固体物理遗留的许多疑难问题，也便于推广应用到一些比常规固体更加复杂的物质。从历史来看，固体物理学创建于 20 世纪的 30~40 年代，而凝聚态物理学这一名称最早出现于 70 年代，到了 80~90 年代，它逐渐取代了固体物理学作为学科名称，或者将固体物理学理解为凝聚态物理学的狭义词。

巴丁的两次获诺贝尔物理学奖，其实都可以算是同一个物理研究领域，但第一次显然是对固体，特别是半导体材料的研究，并且后来最为令世人瞩目的，是之后朝应用方面，即电子工程方面的飞速发展。而说到他的第二次获诺贝尔奖时，就被强调为是对凝聚态物理的贡献了。

凝聚态物理学起源于 19 世纪固体物理学和低温物理学的发展。固体物理学的建立是物理学产生分支的结果，它跨越了传统物理的力、声、电、光等现象的区分，而跳出原子物理与核物理等基础范畴，创建了一个新的领域，并且发展为现今最广阔的物理学分支，成为物理学与工程技术，或者说经济和人类生活联系最紧密的领域。而固体物理由于非固态和量子多体的引进而演化为凝聚态物理，这又是物理学的一次飞跃，也是一次革命。

从固体物理到凝聚态物理的拓展，主要是美国物理学家菲利普·安德森（1923~2020）的功劳，安德森是凝聚态物理学的开创者，甚至"凝聚态理论"这个概念最早也是由他和剑桥大学的同事们提出的。之后，联邦德国创办了《凝聚态物理》（*Physics of Condensed Matter*）期刊，英国剑桥大学开始出现"凝聚态物理"的研究组。

安德森在对称性破缺、高温超导等诸多领域做出了重大贡献。当他在新泽西的贝尔实验室工作时，首先提出凝聚态中的局域态、扩展态的概念和理论，为此他和另一位美国物理学家约翰·范弗莱（1899~1980）及英国物理学家内维尔·莫特（1905~1996），因为"对磁性和无序体系电子结构的基础性理论研究"，分享了 1977 年的诺贝尔物理学奖。

除了对物理本身的杰出贡献之外，1972 年，安德森在《科学》杂志上发表的著名论文《多者异也》（More Is Different），针对一切归于最简单粒子的还原论，提出各种不同物质层次形成不同分支的层展论，被认为是凝聚态物理的"独立宣言"，带给了整个科学界认识这个世界的另一个视角，这点我们在第七章"科学与哲学"中还会介绍。

凝聚态物理前沿研究热点层出不穷，新兴交叉分支学科不断出现，许多研究课题同时兼有基础研究和开发应用研究的性质，研究成果又可望迅速转化为生产力。所谓既可上天，也可入地！下面简单介绍一下超导研究。

最早注意到凝聚态物质的某些共同性质的物理学家，是我们在本书"法拉第和麦克斯韦"一节中介绍过的法拉第和他的老师戴维，尽管那时候还没有凝聚态这个词。1823 年，法拉第在低温下实现了氯气的液化，并随后又实现了除氮、氢、氧外其他已知元素气体单质的液化。1908 年，荷兰物理学家昂内斯将最后一种难以液化的气体氦气液化，创造了人造低温的新纪录 -269 ℃（4K），并且发现了金属在低温下的超导现象。

超导材料有一个临界温度，在这个温度以下，材料的电阻为零。但是 BCS 理论所解释的常规超导现象，一般都发生在接近绝对零度的低温环境下。因为 BCS 超导理论认为，两两配成库珀对的电子是在低温条件下凝聚而产生的。基于这个解释，美国物理学家麦克米兰，根据当年的实验结果和理论分析，预言超导的转变温度可能存在一个上限（40 K 左右），即所谓的麦克米兰极限，超导材料的临界温度可能都在这个上限之下。

超导具有广阔的应用前景，超导的理论和实验研究在 20 世纪获得了长足进展，临界转变温度最高纪录不断刷新，超导研究已经成为当代凝聚态物理学中最热门的领域之一。但传统超导的应用需要依赖昂贵的低温液体，如液氦等来维持低温环境。这导致超导应用的成本急剧增加，更难以广泛应用到电力传输等大型工程领域。如上所述的超导磁悬浮列车，也期望能受益于高温超导材料的出现。如今超导现象已经被发现 100 多年，长期以来，所谓的麦克米兰极限，即使未曾影响科学家们探索超导的热情，也成为制约超导体广泛应用的一个主要瓶颈。

在大约 30 年前，瓶颈终于有所松动，实验上不断发现麦克米兰极限被超越的事实。

革命性的突破来自于瑞士的 IBM 公司。瑞士物理学家卡尔·米勒与他的学生，后来任职于 IBM 的约翰内斯·贝德诺尔茨，于 1983 年就开始紧密合作，对高临界温度的超导氧化物进行系统研究。他们于 1986 年在陶瓷材料钡镧铜氧化物（BaLaCuO 或 LBCO）中发现临界温度 35K 的超导电现象，这在当时已经是临界温度的最高纪录，并且打破了认为"氧化物陶瓷是绝缘体"的传统观念，在科学家中引起轰动。材料学家们蜂拥而上，使用各种不同的化合物，探求更好的材料，更高的临界温度。

1987 年，几位华裔物理学家朱经武等，相继在钇钡铜氧系材料上把临界超导温度提高到 90K 以上，突破了液氮的"温度壁垒"（77K）。1987 年底，又把临界超导温度的纪录提高到 125K。后来，人们将相比于原来液氦低温下的超导称为高温超导，短短一年多的时间里，临界超导温度提高了近 100K，米勒和贝德诺尔茨的研究成果被更多的实验结果验证，他们也因此而荣获 1987 年诺贝尔物理学奖。

目前发现有三类高温超导体：铜氧化物、铁基和二硼化镁。不过，常规的 BCS 理论无法成功地解释这些物质的高温超导现象。读者还需注意，这儿的所谓"高温"超导，只是相对于常规超导体的 −270℃ 左右的低温超导而言的，这里的高温，甚至已经低到将近 −196℃（77K）液氮的温度，事实上仍然是我们通常意义上的超低温。

2015 年，物理学者发现，硫化氢在极度高压的环境下（150GPa，也就是约 150 万标准大气压），温度 203K（−70℃）时，会发生超导相变，这是目前已知最高温度的超导体。

高温超导的优越性是显而易见的，因而成为研究热点。

凝聚态物理的另一热门方面，是有关纳米结构与介观物理的研究。如果组织成材料与器件的结构尺度在纳米范围（1~100 纳米）之内，即为纳米结构。20 世纪末这一领域引起学术界和社会上的广泛重视。

量子力学认为粒子可穿过纳米尺度的势垒而呈现隧道效应。利用这一效应可制备多种超导电子学的核心器件。利用与自旋相关的隧道效应，已制出具有隧道磁电阻的磁存储器。结构若进入电子费米波长的范围，就呈现异质结的量子限制效应，导致了量子阱、量子线与量子点。

半导体量子阱已用来制备快速晶体管和高效激光器。量子线的研究也卓有成效，纳米碳管所揭示的丰富多彩的物性就是明证。量子点则可用以制备微腔激光器和单电子晶体管。利用铁磁金属与非磁金属可制成磁量子阱，呈现巨磁电阻效应，可用作存储器的读出磁头。这些事例说明了纳米电子学（包括自旋电子学）[30]已经成为固体电子学和光子学的发展主流。

20 世纪 80 年代发现的量子霍尔效应，包括整数和分数量子霍尔效应，以及后来的量子自旋霍尔效应、量子反常霍尔效应，是凝聚态物理发展的一个里程碑。量子霍尔效应是整个凝聚态物理领域最重要、最基本的量子效应之一。它是一种典型的宏观量子效应，是微观电子世界的量子行为在宏观尺度上的一个完美体现。在固体物理学的发展中，除了能带理论和相关的磁学、光学与超导理论，以及晶格动力学理论等，量子效应还没有特别深入地呈现在材料的物理性质中。从量子霍尔效应开始，一系列振奋人心的量子效应层出不穷。

石墨烯的发现，掀起了二维层状材料研究的热潮。在理论上，1984年的贝里相的提出和贝里曲率的应用，与石墨烯及诸多二维材料体系相结合，又推动了所谓"谷电子学"的发展。同样的问题是，迄今也没有实际可用的相应器件。前不久转角石墨烯呈现的高温超导特性（虽然目前的临界温度还很低），给人们对高温超导机制的研究又增添一分希望！

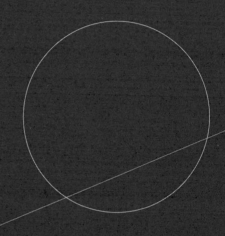

赫歇尔

蒙塔尔奇尼

埃达

拉玛尔

希帕提娅

第五章

富兰克林

科学中的女性

阿涅西的女巫

居里夫人和她的女儿

科学技术领域男性居多，但从古至今，其间不乏女性的身影；特别是数学，作为一门形式科学，不仅仅是男人喜爱的游戏，历史上也出现过不少杰出的女数学家，并且人数多于女性在其他科学领域的人数；还有天文学家中女性也不少。到了当今社会，女性更是活跃在多种科学领域。本章介绍的，多是已经去世的历史上的几位巾帼英雄！

希帕提娅：第一位女科学家

现代科学始于古希腊，当时那里涌现了许多杰出的科学家，古希腊米利都的泰勒斯，被认为是第一位科学家。距离泰勒斯一千年左右，古希腊也有一名容貌美丽但命运悲惨的女学者，被誉为世界第一位女科学家，实际上，她更是一位数学家。

希帕提娅（370~415）[31]是数学家，同时也是当时广受欢迎的哲学家和天文学家。她居住在埃及的亚历山大港。这座城市的名字来自于它的征服者，著名的亚历山大大帝。这位所向披靡的征服者是哲学家亚里士多德的学生，可惜在32岁就抱病而亡，以其名字命名的亚历山大港是当年的科学中心，古希腊许多著名科学家在这儿工作过。

希帕提娅的父亲席昂是亚历山大图书馆的最后一位研究员，也是与缪斯神庙有关的最后一位馆长。希帕提娅受其父之启蒙，学习哲学和数学，但她青出于蓝而胜于蓝，不仅在文学与科学领域造诣甚深，对天文学也颇有研究，研究过圆锥曲线和天体运行规律，还与她的一位学生一起，发明了天体观测仪以及比重计。

希帕提娅是当时著名的希腊化古埃及新柏拉图主义学者，对该城的知识社群做出了极大贡献。她对丢番图的《算术》、阿波罗尼奥斯的《圆锥曲线论》，以及托勒密的作品都做过评注，但均未留存。

当时的东罗马帝国已被基督教统治，科学没落，基督教兴起。但由于亚历山大港所处的特殊地理位置，很早就是一个国际化的超级城市，城中充满了希腊人、埃及人和犹太人等各种形形色色的人群。尽管这一时期的罗马皇帝也大多支持基督教，但旧时代的多神教传统也仍在继续。希帕提娅长期生活在亚历山大港，不信基督教。希帕提娅在多神教与基督教日渐敌对的环境下，成为了双方风口浪尖的人物，身处"异教徒"与基督徒的冲突之间，最后成为了双方斗争的牺牲品。

大概在希帕提娅30岁的时候，其父席昂便将自己的学校交予希帕提娅管理。希帕提娅是当时不多的能同时提供"数学—哲学—神学"教学方案的人选，因此，她的学校创下了自己的教育品牌，慕名前来求学的人络绎不绝。

希帕提娅本人属于柏拉图学派，她所教授的波菲利一脉的新柏拉图主义，并不具有那么浓烈的宗教色彩，而是更加强调抽象的哲学/神学理念。因此，无论是基督徒，还是多神教信徒，都可以向她求学。她的学生中既有多神教的学生，也有大量基督徒的学生。她的不幸身亡其实与她教学和研究的内容并无太多直接关联。

然而，时局动荡，希帕提娅最终被迫撤离她的图书馆，并且本人也被视为女巫，成为牺牲品。

那是有一天，在希帕提娅归家的路上，一帮平民拦住了她的马车，作为贵族的希帕提娅原不想与这群平民理论，但平民们愤怒地把她从马车中揪出来，失去理智的基督教狂热信徒疯狂地扯碎了她的躯体。世界第一位女科学家，就这样悲惨地殒命于街头。

希帕提娅被暴徒残酷地迫害杀死时才 40 岁。2009 年其生平被改编成西班牙电影《城市广场》搬上银幕。

不过，这部电影内容与真实历史相去甚远。电影中的希帕提娅被导演同时赋予了女权、智慧及非凡的美貌。并且，导演更深的目的是在于反对"9·11"之后的"宗教极端主义"。例如，杀死希帕提娅的僧侣们穿的并不像是当年基督教士的服饰，而看起来有点类似现代恐怖分子！

阿涅西的女巫

牛顿和莱布尼茨发明微积分之后，第一本完整的微积分教科书是由一位女性数学家写的，她叫玛丽亚·阿涅西（1718~1799），是意大利的一位数学家、哲学家兼慈善家。

阿涅西的父亲出身殷实的丝绸商人之家，是一位富有的数学教授。阿涅西在家中23个孩子里排行老大，从小就有神童之称。阿涅西5岁懂法语和意大利语；13岁懂希腊语、希伯来语、西班牙语、德语和拉丁语等；9岁时，她在学术聚会上做有关妇女受教育权利的演说；15岁开始，她负责整理父亲在家中举行的定期哲学和科学讨论聚会的记录，后来总结出版为《哲学命题》一书。在父亲组织的这些学术交流聚会上，年轻的阿涅西聆听学者们讨论物理、逻辑、天文等各种问题，在增长知识的同时，也时常会跟博学的客人们辩论，她伶牙俐齿，精通多种语言，被朋友们戏称为"七舌演说家"。

阿涅西是其父亲引以为傲的沙龙中的明珠，她的才华和睿智备受人们欢迎。但是，到了20岁左右，外表开朗，本质上却颇为内向的阿涅西很快厌倦了这样的社交活动和聚会，产生了"去修道院做修女，为穷人服务"的念头。最后与父亲摊牌的结果，阿涅西没有去当修女，父亲也让步同意她减少社交聚会活动，开始全心研究数学。之后数年，阿涅西凭自己的学识和超人的语言才能，在抽象的数学世界中轻松邀游，将世界各国许多不同数学家的学说和理论融汇统一在一起。1748 年，她30 岁时写成微分学著作《分析讲义》，为传播微积分立下功劳。书中还讨论了一种被后人称为"阿涅西的女巫"（witch of Agnesi）的曲线，也就是箕舌线。

　　箕舌线是什么呢？其实是一种简单的、很容易理解的二维曲线。如图 23—1 所示，考虑半径为 a 的圆，下面有一条水平线切圆于 O 点（x 轴），上面有一条水平线切圆于 A 点，C 是圆上一个动点。过 OC 作直线与上方的水平线交于 D。再由 D 作垂直线交 x 轴于 E，与过 C 的水平线交于 P。当 C 沿着圆周移动时，如此而得到的 P 点的轨迹就是箕舌线。

　　为什么又把这条曲线叫作"阿涅西的女巫"呢？那是在翻译阿涅西的意大利文著作时错译的结果。实际上阿涅西并不是第一个研究这种曲线的人，更早时物理学家费马提到过，它的拉丁文名字是 versorio，表示转动的意思。但这个词与意大利文中的 versiera 发音类似，意思却变成了"女巫"。也许是后来的学者喜欢这个稍带恶作剧意味的名字，便将错就错，让它和女数学家的名字连在一起，流传了下来。

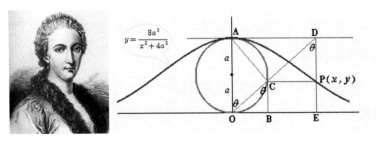

图 23—1：阿涅西和她最著名的研究"箕舌线"

箕舌线有许多有趣的性质，比如，箕舌线与 x 轴之间所围成的面积是一个有限的数值，刚好等于生成它的圆的面积的 4 倍。此外，箕舌线在物理上有所应用，是统计学中柯西分布的概率密度函数。

《分析讲义》是一本超过千页的经典巨著，被法国科学院称作"在其领域中写得最好最完整的著作"。其中包括牛顿的流数术，以及莱布尼茨的微分法等原始发现，并且把各国数学家提出的不同的微积分表达方式统一起来。阿涅西的这本微积分教科书被翻译成多种语言，在欧洲流行了 60 多年。教宗本笃十四世特别颁给她一顶金花环以及一面金牌，以表彰她在数学上的卓越贡献。

1750 年，阿涅西被任命为博洛尼亚大学的数学与自然哲学系主任，是历史上继劳拉·巴斯（1711~1778）后第二位成为大学教授的女性。有趣的是，这位劳拉·巴斯也是意大利科学家，两位女性意大利学者能在两百多年前的 18 世纪先后成为大学教授，与当时教宗本笃十四世重视学术自由、支持女性发展的思想有关。

1752 年，阿涅西的父亲去世了，这正是她得到意大利及欧洲数学界越来越多关注之时。但我们的女学者忘不了年轻时代"为穷人服务"的理想，当初也只是为了满足父亲的期望而作为一种不参加社交活动的妥协才研究数学。因而，父亲过世后，阿涅西便将自己的目光投向了修道院和慈善事业。

阿涅西拒绝了都灵大学数学教授们的邀请，坚持不再做数学。她把全部的心力投入到救助穷人与神学研究之中。她将家里的一些房子用来安置穷苦的人们。她为贫困女性设立了一个疗养院，最后自己也搬进了疗养院里居住。这个把自己人生最后的 47 年奉献给慈善事业的人，在 1799 年身无分文地去世。最后，这位女数学家和疗养院另外的 15 名女病人一起，被埋在了一块无名的墓地里。

赫歇尔：女天文学家

抬头仰望银河，我们可以给孩子们滔滔不绝地讲解许多天文知识。人类的天文知识是来自于长久的天文观测记录。与银河系有关的许多天文观测记录，都和一位传奇的女天文学家卡罗琳·赫歇尔（1750~1848），以及她的哥哥、英国著名天文学家威廉·赫歇尔（1738~1822）的贡献有关。

兄妹天文学家

赫歇尔这个名字，实际上是天文界一个著名的家族，其中主要包括上面提及的威廉、他的妹妹卡罗琳，和威廉的儿子约翰·赫歇尔（1792~1871）。

威廉在1785年提出银河系是扁平的观点，并且他认为太阳系位于扁平银河的中心。扁平银河系的结论是正确的，太阳在银河中心的说法则有误。30多年后，美国天文学家沙普利从威廉兄妹的观测数据，得出太阳系位于银河系边缘的结论。20世纪20年代，天文学家们又认识到银河系正在不停地自转。

卡罗琳是赫歇尔家庭中十个孩子的第八位。小时候健康不佳，多灾

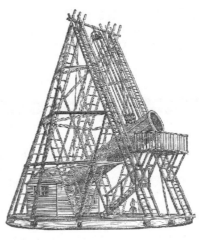

图 24—1：赫歇尔兄妹自制的望远镜

多病。在 10 岁时，她得了斑疹伤寒，导致脸上留下累累疤痕，且身材矮小，据说高度长到 4 英尺 3（约 1.30 米）就停止了。由于她的发育不良，她的父母认为她不会结婚，没给予正规教育，应该被训练成一名仆人。但是后来，老赫歇尔去世后，威廉发现妹妹是个颇具天赋的孩子，他将卡罗琳从家中解救出来，使其走向外面的广阔世界，成为科学史上少有的杰出女性之一。

威廉·赫歇尔让卡罗琳学习音乐，教她如何唱歌，卡罗琳很快成为一个多才多艺的女高音，不过她只在威廉举办的音乐会上演唱。后来，威廉的兴趣集中转向天文观测方面，卡罗琳便成为他这方面不可或缺的得力助手。

卡罗琳学会了如何擦亮透镜，如何自己制作望远镜。威廉还教卡罗琳如何记录观察到的资料和数据，如何进行必需的数学计算。兄妹俩用亲手制成的望远镜（见图24—1），先后探察了北半球1083个天区共计11万多颗星星。

卡罗琳·赫歇尔的发现

1781年3月13日，赫歇尔兄妹在观测双星时发现了一颗新的行星——天王星。这项发现为他们赢得了巨大的声誉，也使威廉于1782年成为英国皇家天文学家。于是，卡罗琳随哥哥前往英国，但威廉经常需要外出进行学术活动，卡罗琳则作为威廉的管家和助理留在家里。这种时候，她也从不放过任何一天观测天象的机会。并且，她逐渐积累起不少自己独立观测到的天文记录。

1783年2月26日，卡罗琳发现了一个疏散星团（今天被称为NGC 2360），并在那年年底又发现了另外两个星团。在1786年8月1日，卡罗琳发现一个发光物体在夜空中缓缓行驶。她在第二天晚上再次观察，并立即通过邮件提醒其他天文学家，宣布自己发现了一颗彗星，并告知其他人该彗星的路径特点，使他们可以观测研究。这是目前公认的第一位女性发现的一颗彗星。这一发现使卡罗琳赢得了她的第一份工资，1787年，卡罗琳正式被国王乔治三世聘用为威廉的助手，成为第一位因为科学研究而得到国王发给工资报酬的女性。

卡罗琳总共独立发现了14个星云和8颗彗星。卡罗琳后来真的终身未嫁，且其是否谈过恋爱我们不得而知。

在1822年威廉去世后卡罗琳从英国返回德国，但并没有放弃天文研究。她整理了自 1800 年威廉发现的 2500 个星云列表。她帮助天文学会整理和勘误天文观测资料，补充遗漏，提交索引。英国皇家天文学会为表彰她的贡献，授予她金质奖章，在 96 岁时，普鲁士国王也授予她金奖。

威廉死后，他的儿子约翰子承父业，继续父亲和姑姑的工作。约翰把观测基地移到了南非，在地球的南半球共探测了 2299 个天区计 70 万颗星，第一次为人类确定了银河系的盘状旋臂结构，把人类的视野从太阳系伸展到 10 万光年之遥。从三位赫歇尔大量的观测结果（近百万颗星星！），人们才开始认识到世界之大、银河系之大，整个太阳系不过是银河系边缘上一个不起眼的极小区域而已。

卡罗琳生平堪称传奇。那个年代，女性从事科研，还能挣到工资，实属凤毛麟角。她未结婚，一生献给科研，活到 98 岁高龄，于 1848 年安然去世。

蒙塔尔奇尼：最年长诺奖得主

丽塔·列维·蒙塔尔奇尼（1909~2012），是一名意大利神经生物学家及医生，也是迄今为止历史上最长寿的诺贝尔奖得主。她活了103岁加8个月。

在家中进行实验研究

蒙塔尔奇尼出生在意大利都灵市的一个犹太人家庭。她的母亲是画家，父亲是电气工程师和数学家。这个家庭的犹太血统可以追溯到罗马帝国。家中有四个孩子，蒙塔尔奇尼和她的双胞胎姐姐是其中最小的，此外，她们还有一个哥哥和一个姐姐。父亲基于传统观念，开始时不支持女性上大学，认为这会影响她们为人妻为人母的能力。

蒙塔尔奇尼十几岁的时候，曾经梦想过成为一名作家或哲学家。但在看到一位亲密的人因胃癌去世后，她立志从医。最终，她的父亲同意了她成为一名医生的愿望，支持她到都灵大学医学院就读。在大学学习期间，知名的解剖学家及神经组织学家朱塞佩·列维激发了蒙塔尔奇尼对神经系统发育的兴趣。

1936年，27岁的蒙塔尔奇尼获得了药理学与外科专业的学位，毕业后留校担任列维的实验助理。那段时间内，她兴致勃勃地尝试了一些研究课题，然后开始专门研究雏鸡胚胎神经系统的发育过程。几年后，1939年左右，受墨索里尼反对意大利犹太人的歧视法案《种族宣言》的影响，蒙塔尔奇尼被迫停止了这项工作。为了她的非犹太同事的安全，蒙塔尔奇尼从大学实验室退出来。不过，她并没有因此而放弃科研，很快找到了"在卧室里建立实验室的方法"，在家中设立了一个简陋的实验室，继续研究小鸡胚胎中神经纤维的生长。由于"二战"爆发，鸡蛋成为紧俏商品。蒙塔尔奇尼常常骑自行车下乡从农户手中购买鸡蛋。

之后，蒙塔尔奇尼也曾经受邀在比利时的神经病学研究所进行研究，但当时反犹情绪高涨，形势继续恶化，她到比利时乡村中躲藏。后来她担心自己的家人，很快回到了都灵。1943年，她被迫与家人一起逃到佛罗伦萨周围，在大屠杀中幸存下来，并受到一些非犹太朋友的保护。她又再次在"藏身之处"的一角建立了一个实验室，继续胚胎科学研究，其间还经常碰到"炸弹不断落下"的情况，她只好将显微镜一次又一次地拖到地下室的安全地点躲避一下。无论如何，这几段在学校及家中进行的实验工作，为她后来的研究奠定了基础。

后来她回首这些经历时，诙谐地说："我要感谢墨索里尼，因为他宣布我是低等种族，这反而带给我许多研究工作的乐趣，虽然不是在大学而是在一间卧室里……总的来说，不要惧怕困难的时刻，最佳成果往往在这种时候诞生！"

当年的神经生物学家中，与蒙塔尔奇尼做类似课题的，还有美国圣路易斯华盛顿大学的著名生物学家维克多·汉布格。汉布格研究了胚胎神经组织如何分化成特殊类型后，提出的流行理论认为，神经细胞的分化在很大程度上取决于它们的目的。这是他在雏鸡胚胎实验中，去除了正在发育的四肢，观察如何影响后来形成四肢区域的神经细胞的生长和分化后得到的结论。他认为，可能包含在肢体中的某些诱导性或组织性因子不再能吸引神经细胞。

在针对同一问题进行实验后，蒙塔尔奇尼却得出了与汉布格的观点不同的结论。她认为肢体的功能只是供给某种营养，这对神经细胞的生存至关重要。她提出，尽管肢体切除了，神经细胞的分化仍然发生了，但是分化的细胞因为缺乏某种营养而很快地死亡。肢体无助于分化，也就是说，它并不包含组织因子，而是产生了某种营养。

汉布格阅读了蒙塔尔奇尼发表在比利时的一本杂志上的论文，十分欣赏她的观点和实验技巧，邀请她于1946年去圣路易斯做为期一个学期的研究。蒙塔尔奇尼最初在华盛顿大学只是接受了为期一个学期的研究职位，她刚抵达美国时也不能确定自己的研究前景。但是，凭着她杰出的科研能力和成果，她在那儿一直待到了1961年。

在圣路易斯华盛顿大学接下来的几年中，蒙塔尔奇尼根据她在早期文章中的观点，致力于寻找她在战争中凭直觉猜想的神秘营养因素。当时有科学家注意到，一种小鼠肿瘤细胞能导致更多的神经细胞生长。当蒙塔尔奇尼将肿瘤细胞掺入发育中的雏鸡中时，也观察到了同样的效果。肿瘤中某些物质加速了神经细胞的分化，也造成更多神经纤维的产生。

1952 年，她和美国科学家斯坦利·科恩合作，开始尝试并成功地分离出了神经生长因子。这种蛋白质通过刺激周围神经组织促使细胞生长，这一发现帮助人类进一步认识肿瘤、心血管疾病、阿尔茨海默病和孤独症等医学难题，帮助医学界治疗脊柱损伤都有很重要的意义。神经生长因子这种蛋白质，对神经的生长、发育、存活至关重要。这种重要性，直到 20 世纪 80 年代才广泛地被大家认识。因为这一发现，她和科恩共享 1986 年的诺贝尔生理学或医学奖。

科研生涯

1958 年，蒙塔尔奇尼成为圣路易斯华盛顿大学的正式教授。虽然在美国度过了"最愉快和出成果"的十多年，但她不忘故乡，希望更多的时间在她的祖国度过。1962 年，她在罗马建立了第二个实验室，在美国和意大利两地合理地分配自己的工作时间。她领导罗马神经生物学研究中心，之后又领导细胞生物学实验室。1977 年退休后，她被任命为罗马意大利国家研究委员会细胞生物学研究所所长。1979 年从该职位退休后，继续以客座教授的身份参与其中。

因为在神经生物学方面的杰出成就，1968 年，她当选为美国国家科学院院士。除了诺贝尔奖之外，她还获得 1986 年的拉斯克医学奖，以及 1987 年的美国国家科学奖章。

蒙塔尔奇尼于 2002 年成立了欧洲脑科学研究所，然后担任其会长。在 2010 年，她在这所研究所的角色受到了科学界某些人士的批评。蒙塔尔奇尼曾经与意大利制药企业 Fidia 合作一事，也存在一些争议。原因是她支持 Fidia 从牛脑组织生产的药物克罗纳西尔，它会导致患者严重的神经系统综合征，后来被禁用。

在 20 世纪 90 年代，她是最早指出肥大细胞在人类病理学中的重要性的科学家之一。在同一时期（1993 年），她确定了内源性化合物棕榈酰乙醇酰胺是该细胞的重要调节剂。对这种机制的了解开启了对该化合物研究的新纪元，从而在其机理和益处方面有了更多发现。

蒙塔尔奇尼后来进行如老年痴呆症这样的大脑疾病以及癌细胞恶化进程的研究，并做出重大贡献，因而成为意大利和国际团体的典范和具有启发性的人物。

社会活动

蒙塔尔奇尼不仅在科学上成就卓越，同时还积极参与社会工作和政治事务。

2001 年，她被意大利总统提名为终身参议员。晚年的蒙塔尔奇尼致力于为妇女解放和受教育权，以及为年轻科学家创造更好的科研环境而奋斗。她说："这是一个非常重男轻女的社会，从小就让我感到不满，她宣称妇女的养育方式是由男人决定的。"

从她小时候看到的，女子可以上中学，但毕业后等待她们的是婚姻而不是大学，这使蒙塔尔奇尼很烦恼，于是她下定决心："我决定永远不做妈妈。这是一个非常好的决定。"

蒙塔尔奇尼曾是"意大利百科全书"学会首任女性主席，她也利用诺贝尔奖得主的威望，以终身参议员的身份，设法支持意大利从事科研的人员。

蒙塔尔奇尼具有百折不挠的科研精神，毕生献身科学研究，直至生命的尽头。她以"魅力和顽强的性格"得到人们的尊敬。她一生努力为"捍卫她所相信的"价值观念而奋斗终生，从未结婚，也没有孩子。她在 2006 年的一次采访中说："在这种意义上，我从不犹豫或后悔……我的生活因人与人之间的良好关系，以及工作和兴趣得到充实。我从未感到孤独。"

2012 年 12 月 30 日，蒙塔尔奇尼安详地死于罗马家中，享年 103 岁。她是意大利的骄傲，也是全世界女性的骄傲！

拉玛尔：专利和美女明星

一般来说，美女、明星很难和专利沾得上边，人们通常也想不到电影演员能有科技发明的头脑，但是，确实有这么一个美丽的电影女明星，她有一项非常了不起的专利，这个专利是现代 3G 通信技术的核心，也就是说，十几年前手机的通信技术就是这位美女明星的贡献。她就是人称"扩频通信之母"，1913 年出生于维也纳一个犹太银行家家庭的女演员赫蒂·拉玛尔。

拉玛尔怎样发明了扩频通信？我们从简略回顾通信发展的历史开始。

通信是人们为了实现沟通而传递信息的过程。击鼓发令、烽火报信、鸿雁搭桥、信鸽传书，从这些古代原始的通信方式，演变至现代化的计算机数字通信，千百年来人们做了种种努力，都是为了更多、更快、更准确、更可靠地传递信息，让"千里眼"和"顺风耳"成为现实。

通信工程中一个重要方面是选择"媒介"，古时候所用的"鼓声、烽火、鸿雁、信鸽"等都是通信的媒介。现代的无线电移动通信，也就是如今热门的手机通信方式，使用的媒介是在一定频率范围内的无线电波。某个频率的无线电波，就像是一列火车。把需要传递的信息"搭载"在"火车"上的过程，叫作"调制"，这个无线电波则被称为"载波"。当满

图 26—1：扩频通信之母——
美女明星赫蒂·拉玛尔（照
片来自 Wikipedia）

载信息的火车到达目的地后，需要有"解调"的过程，将信息下载并还原。

无线电波用于通信的方面很多，除了移动通信之外，还有广播、电视及各种军事用途等。因而，"火车"的列车数有限，分配给移动通信的"列车"数目远远不够用。怎么办呢？为了更有效地利用给定的频率段，以满足大量用户的需要，现代通信使用"多址方式"。

给了一定的频率范围，一定的时间段，使用许多种编码方式，这就像是给定了一个三维的纸盒子（如下页图所示）。选择多址方式，就是选择如何在这个盒子里分配用户。例如，可以使用下面三种方法（下页图中用各种不同的颜色表示不同的用户）：

（a）以频率而分：频分多址（FDMA）；

（b）以时间而分：时分多址（TDMA）；

（c）以编码而分：码分多址（CDMA）。

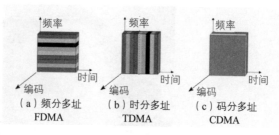

图 26—2：三种多址方式的比较

频分多址方式（a）把可以使用的总频段划分为若干个互不重叠的频道，分配给用户；时分多址则将时间划分成许多时间小间隙作为信号通道（b）。也就是说，在频分多址系统中，每个用户虽占有全部的时间，却只有很窄的频带宽度；而在时分多址系统中，用户可能拥有整个频宽，却只有很短的时间。码分多址方式（c）不以分割时间或频率来区分用户，每个用户都占有整个频宽和全部时间，但却有不同的编码序列，不同用户以编码而分。

由于"码分多址"系统中的每个用户都有足够宽的频率范围和时间范围，因而具有许多优越性：频谱利用率高，容量大，抗干扰能力强，保密性好，等等。所以，CDMA（码分多址）成为 3G 通信的首选。为了具体实现 CDMA，我们需要在给信息编码的同时，扩大信息的频带，这就是"扩频通信"。

尽管以扩频技术为基础的 3G 通信 21 世纪初期才开始迅速发展，扩频技术却已经有了好几十年的历史，它最早的发明专利就属于上面谈到的 20 世纪 40 年代当红的电影女明星赫蒂·拉玛尔。

首先，赫蒂·拉玛尔是个货真价实的好莱坞明星，她演绎了电影史上第一部"裸露胸部"的影片《入迷》(*Ekstase*)，她经历了六次婚姻，在好莱坞以风流貌美而名噪一时，连费雯丽也曾经以长得像她而备感骄傲。

一场以失败而告终的婚姻改变了她的命运！为了逃离失败的婚姻，摆脱她的众多纳粹"朋友"圈子中政治军事斗争的旋涡，赫蒂逃到了伦敦，并开始积极地学习和研究通信技术，以帮助盟国战胜纳粹敌人。正巧，在好莱坞时赫蒂结识的一位音乐家乔治·安塞尔也到了伦敦，他们两人都一心想要对德作战有所贡献，便一起积极地进行一项能够抵挡敌军电波干扰或防窃听的秘密军事通信系统的研究，并最终制成了一个以自动钢琴为灵感的扩频通信模型，并且在 1942 年 8 月得到美国的专利。

扩频通信技术与自动钢琴的关系，可以图 26—3 为例说明：图（a）的自动钢琴中，每一个琴键代表一个频率，或者说是一段窄窄的频带。当钢琴自动演奏一段曲子时，音符按照曲调在各个键之间跳跃，比如"C—F—G—G—A—F—D"，这时，虽然每次只弹一个键，但在演奏的这一段时间中，合成声波的频率从 A 到 F 跳跃变化。也就是说，频率范围不再只是一个音，而是扩大到了 A 和 F 之间。将这个道理用到通信中，如图（b）所示，让载波的频率 F 不固定，而是按照一定的规律跳跃，合成的结果也是使频率范围扩大了，达到扩频的效果。这就是赫蒂和乔治当时专利中的跳频扩频技术。这载波频率 F 跳动的规律，对应于自动钢琴所弹奏的一段乐谱，也就是通信中所用的一种编码。

通信技术中，扩频方法除了跳频扩频这种时间平均的扩频过程之外，还有一种"直接序列扩频"法，是将编码与信息相乘后再进行调制。

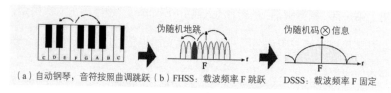

（a）自动钢琴，音符按照曲调跳跃　（b）FHSS：载波频率F跳跃　　DSSS：载波频率F固定

图 26—3：从自动钢琴到跳频技术

当时，赫蒂·拉玛尔和乔治·安塞尔将他们这项专利送给了美国政府，希望能够对当时正如火如荼进行中的第二次世界大战有所帮助。遗憾的是，美国军方当时并未采用这一技术。乔治·安塞尔于1959年去世时，也未看到他们的发明得以应用。

直到1962年，也就是赫蒂·拉玛尔和乔治·安塞尔的专利过期之后的第三年，该技术才第一次被美国军方秘密使用于解决古巴导弹危机的行动中。后来，扩频通信被深入研究，并多次用于军用通信领域。尤其是到了20世纪90年代，在无线电移动通信的商业界中，扩频通信技术飞速发展，大展宏图，还造就了许多百万富翁。尽管如此，这项专利的原始拥有者却未曾因此而赚取过分文。

1997年，以保护技术的权利与自由为目的的团体——电子前沿基金会——颁发给85岁高龄的赫蒂·拉玛尔一个奖项，以表彰她和乔治·安塞尔对此电子技术的贡献。2000年，赫蒂·拉玛尔在佛罗里达州平静而安详地去世，无论如何，迟到了55年的社会认可终能使我们的美女明星发明家含笑九泉，比起她的合作人乔治·安塞尔来说，要少几分遗憾了。

居里夫人和她的女儿

世人所知的古今中外最负盛名的女性科学家，非居里夫人莫属。居里夫人原名玛丽·居里（1867~1934），她出生于华沙的一个教师家庭，是法国著名波兰裔物理学家、化学家[32]，同时也是无数少女少男们心中的科学女神。

居里夫人因其两次获得诺贝尔奖的非凡成就，以及为研究放射疗法所做的自我牺牲，而誉满天下，但也曾因绯闻而备受非议。然而爱因斯坦非常公正地指出，其实"在所有的世界名人当中，玛丽·居里是唯一没有被盛名宠坏的人"。

纵观世界的女科学家，好些个都是"终身未嫁"，例如前面我们介绍的几位就是如此。不过，居里夫人倒是有丈夫有家庭，还有两个和父母一样优秀的女儿。

生活坎坷、荣誉满身

人们提到居里夫人，都是伴随着笼罩在她头顶上的层层光环：两次诺贝尔奖，丈夫、女儿、女婿的诺贝尔奖。然而，实际上她的生活历尽坎坷和磨难，人生颇具传奇，甚至还有些悲剧色彩。

图 27—1：皮埃尔·居里、伊雷娜·居里、玛丽·居里

玛丽的父母都是教师，父亲喜欢文学和诗歌，母亲在音乐和歌唱方面颇有造诣。玛丽是孩子们中最小的一个，她小时候，家里生活清贫。除了家中最大的女儿十几岁就死于疾病之外，玛丽还有三个姐姐一个哥哥。后来，妈妈在四十多岁时就过世了。此外，玛丽从小健康不佳、疾病缠身，因而少年时代并不幸福。玛丽父母双方的家庭原来算是小地主阶层，但都因参与波兰独立民族起义而失去了原来就不多的财产。父亲薪资低，收入微薄，玛丽很长时间都靠做家庭教师为生。后来，居里夫人又中年丧偶，丈夫在突发的车祸中去世，那时起，她成为一位寡居的年轻女人，成为一位独自抚养两名女儿成才的优秀母亲！

所以说起来，居里夫人虽然学术上成果累累，荣誉满身，但生活方面却不尽如人意，没有过上几年好日子！其实，从居里夫人的照片，包括少年时代的，脸上总是显露出一种严肃矜持、基本没有笑容、略显悲苦的表情，这也多少说明了她人生中的困难和艰辛。

玛丽·居里是第一位两次荣获诺贝尔奖的人。1903年她和丈夫皮埃尔·居里及亨利·贝克勒尔，因为发现新元素而得到诺贝尔物理学奖。在1911年，她又因放射化学方面的成就得到诺贝尔化学奖。此外，她还首开先河，把放射疗法运用于癌症治疗中。

居里夫人还贡献给世界两名优秀的女儿。

科学伴侣、美满婚姻

1891年底，玛丽从华沙来到巴黎读书。两年后，在一位朋友家中，她第一次见到了她后来的丈夫皮埃尔·居里。双方一见钟情，不久便坠入爱河，彼此都认为对方是自己将来最合适的生活伴侣。更为重要的，是对科学的共同爱好、共同追求和共同梦想，将他们吸引在一起。这是居里夫人一生中最幸福的时光，次年，他们便举办了婚礼。婚礼简单朴素，连礼服都没有买。那时，玛丽28岁，皮埃尔36岁。

皮埃尔·居里的家庭属于法国小资产阶层，父亲是位喜欢自然科学的医生，母亲是企业家的女儿，皮埃尔还有一位比他大三岁半的哥哥，年轻时两兄弟是科学上的搭档。他们的家境一般，不算富裕，但家庭气氛和谐而温馨。

皮埃尔从小热爱大自然，进大学之后爱好物理实验，有高超的实验技巧。他在读博士之前，就已经在物理化学学校担任实验室主任，研究过晶体的压电效应。皮埃尔和玛丽结婚后不久，便获得了博士学位，毕业之后回到物理化学学校做教授，于是，两人在学校的实验室里工作，进行科学研究。但他们很快便发现学校实验室满足不了他们的要求，于是，玛丽便在校园旁边找了一个不用的棚屋，开辟改装出一个属于他们自己的"实验角"。

皮埃尔热衷于做晶体研究方面的实验，对物理学中的对称性十分感兴趣。玛丽当时则研究钢的磁性。从1897年开始，夫妻双双全心全意地投入了物理实验的科学研究。

同一年，他们的第一个女儿降生了，这是他们爱情的结晶，全家人满怀欣喜地迎接这个小生命。她的到来，使得家庭生活中增添了忙乱，也充满了欢乐，还好有皮埃尔的父亲帮忙照看小姑娘，为居里夫妇减少了许多后顾之忧，使他们仍然可以向科学高峰攀登。

这时候，玛丽·居里开始考虑她的博士论文课题。当时，她对另一位法国物理学家亨利·贝克勒尔在1896年发现的一个现象十分感兴趣，打算往这个方向选课题做研究。

18世纪，化学家拉瓦锡列出了他的第一张元素表，有33种"元素"，其中所列的并不是完全等同于现代"元素"的定义。1869年，俄国化学家门捷列夫发表第一张元素周期表时，包括了当时科学界已知的63种元素。玛丽·居里所处的时期，正是化学家们根据周期表的引导，争相发现各种新元素的年代。

周期表上的92号铀（U）元素，是一位德国科学家在1789年发现的，1841年，巴黎的另一位分析化学教授首次分离出来了金属铀。贝克勒尔最初的目的是研究包含金属铀的一种"磷光材料"的物理性质，结果却发现，从铀盐中放出了一种穿透力很强的未知射线。

铀盐为何放出这种射线？这是一种什么射线呢？居里夫妇对这个课题很感兴趣，一开始，是玛丽作为她的博士论文题目而进行实验，后来，皮埃尔放下手中的晶体实验也参与进来了。为了对放出的射线做精确的定量分析，他们使用了15年前皮埃尔和他的哥哥开发出来的一种新的验电器。这个仪器给了他们很大的帮助，使他们能从大量的材料中，逐步分离出放射性强度更大的部分，最后他们确信：在所使用的材料中，包含着比铀的辐射能力强很多的新元素，玛丽将首先发现的一种新元素命名为"钋"以纪念她的祖国波兰。居里夫妇在1898年7月发表的文章中宣布了这一发现。紧接着，他们在同一年的12月26日的另一篇论文中，宣布了发现的第二个更重要的元素"镭"（radium），其拉丁文的意思为"射线"。并且，他们在研究过程中创造出"放射性"（radioactivity）一词。

从他们开始研究铀盐，到宣布命名的两个新元素，时间似乎不长，不过两年左右。但要真正"证明"新元素的发现，他们的工作还远未完成。还需要将镭（或钋）以纯元素的形式分离出来，测量该元素的原子量，研究其物理化学性质，等等。分离出纯元素，我们在这儿说起来容易，居里夫妇当年做起来却是非常困难。当初连他们自己也未曾预料到工作量之大，因为他们要寻找的物质在矿石中所占的比例极小，而他们实验室的设备又极其简陋。

居里夫妇通过结晶的方法，极端费力地从铀矿中分离出镭盐。老天不负有心人，他们艰苦地工作，经历了无数多个日日夜夜，有失败的沮丧，也有成功的喜悦，到1902年，终于从一吨沥青铀矿中分离出了十分之一克的氯化镭!

1903 年玛丽完成论文获得了巴黎大学博士学位，同年 12 月，瑞典皇家科学院授予皮埃尔、玛丽和贝克勒尔 1903 年的诺贝尔物理学奖。居里夫妇讨厌成为公众人物，不高兴平静而简单的科研生活被打扰，不过最终，到了 1905 年仍然去了斯德哥尔摩做演说和领奖。因为那毕竟是一个大数目，这笔奖金将有助于他们改善实验条件，做出更多的研究成果啊!

灾难突发、痛失亲人

不知是天妒英才，还是造化弄人，领了诺奖的第二年，正当居里夫妇二人的科学事业即将蒸蒸日上之时，一个突如其来的灾难从天而降!皮埃尔·居里在瓢泼大雨中横穿马路时被车撞倒而不治身亡，丢下他未竟的事业，丢下他的父母家人，也丢下了不到 40 岁的居里夫人和两个年幼的女儿，独自去了天堂!

几近崩溃的居里夫人熬过了一段无比痛苦的时光，仍然是心爱之人过去的一句话使她撑了下来："即使我不在了，你也要继续干下去。"在生活方面，玛丽与皮埃尔的老父亲一起相互扶持渡过难关，共同承担抚养教育孩子的重任。而在科学上，居里夫人便只能一个人孤零零地继续攀援高峰了。她踽踽独行，继续走在那条蜿蜒连绵、坎坷崎岖的小路上。

丈夫去世之前，玛丽·居里实际上一直因为是一名女性而饱受歧视。尽管她在男性为主导的物理学领域中取得了瞩目的成就，但不公平仍然存在：诺贝尔奖最开始的提名中没有她，她难以得到教授的位置，因为是女性而被拒绝在伦敦皇家学会做报告，等等。说起来可笑，皮埃尔遇难后，大家在惋惜这位早逝的青年才俊时，才关注起了他的遗孀！1906 年 5 月 13 日，巴黎大学物理系决定将原来皮埃尔的职位授予玛丽。居里夫人接受了该职位，成为巴黎大学首位女教授。

实际上，玛丽和皮埃尔都是一生简朴、淡泊名利之人。他们发现了重要的镭元素，却放弃了申请有关镭的任何专利，他们认为，科学研究是为了造福人类，而不是为了自己赚钱谋利。皮埃尔死后，居里夫人也一直都恪守职业道德，从未想过利用科学让自己发财。

还有一件奇怪的事：居里夫人一辈子都不是法国科学院院士。她曾经在 1911 年初参选过一次，但结果她以几票之差落选，因为一些老院士坚决反对女性当院士，之后她再没申请过。

放射治疗、造福人类

为什么我们上面说居里夫人放弃了专利是放弃了巨大财富呢？因为她发现的镭，在医学上发挥了巨大的作用。皮埃尔去世后，玛丽·居里继续科学研究，提取出了纯净的金属镭，又开创放射性理论，发明了分离放射性同位素的技术，并指导人们将放射性用于治疗肿瘤。

居里夫人热爱她的祖国波兰，也热爱法国，因为那是她的国家，也是皮埃尔的故乡。她从结婚开始，就在法国工作和奋斗，为巴黎大学建造实验室、培养人才，获得诺贝尔奖为国增光。但是，法国却似乎多少有点忽略了她。未当选为科学院院士便是例证之一。

也就是申请院士落选这一年，玛丽·居里卷入一起桃色风波，起因是因为她曾经与皮埃尔以前的学生、小她5岁的保罗·朗之万同居一年。其实玛丽是独身女人，并无多大错误，朗之万是有妻之人，尚可谴责。但巴黎的舆论界却是肆无忌惮地诋毁和丑化居里夫人，使她心力交瘁不胜其烦，以致病倒了。不过正在这时候，传来了她被授予诺贝尔化学奖的好消息，这让她成为第一个两次获诺贝尔奖的人。

在第一次世界大战期间，她在靠近前线的地方，设立创办了第一批战地放射中心，并协助战地外科医生，快速学习放射学和解剖学。她在红十字会担任放射服务主任，为法国军队做贡献。据估计，有超过100万受伤士兵得到过居里夫人的流动式X光机治疗。如此重大的贡献，却从未受到过法国政府任何正式嘉奖。

女儿优秀、精神传承

1935年，居里夫人的大女儿伊雷娜·约里奥－居里（1897~1956），与丈夫弗雷德里克·约里奥一起，获得了诺贝尔化学奖。

伊雷娜深得其父母的基因真传，1897年出生于巴黎后，是由爷爷带大的。爷爷是著名的医生，不仅有良好的医学知识，而且博学多闻。每晚睡觉前爷爷就给她讲很多童话，回答她的"为什么"，爷爷这个"百科全书"，给予伊雷娜非凡的诗人气质和出色的想象力。她希望自己也能像父母那样做一名造福于人类的科学家。

伊雷娜从19岁起，就成为母亲的得力助手。她不仅在实验室的学习和工作中学到了很多实际操作能力和理论知识，而且对一些科学的尖端项目也有深入的了解和掌握，如X射线衍射仪的原理和操作方法。后来她也开始承担一些独立的研究项目。伊雷娜深感母亲对她理论知识和实际实验操作指导的重要性，她随时随地都在与母亲讨论问题和问为什么，有时还反驳母亲的观点，这一点居里夫人特别欣慰。伊雷娜特别擅长对精密仪器的操作。这一点很像她的父亲居里。

1925年，伊雷娜以钋裂变产生α粒子的研究获得博士学位。后来，她与丈夫一道通过辛勤的科学研究于1932年用射线轰击铍、锂、硼等元素，发现了一种穿透力很强的辐射，即中子，而且在1934年用粒子轰击铝、硼等，首次发现了人工放射性物质。由于这些成果。1935年，伊雷娜与丈夫一起登上了诺贝尔奖的领奖台。伊雷娜儿时的愿望终于变成现实，她也像母亲一样获得了科学领域的最高荣誉，而且是像母亲一样夫妇双双获奖。

居里夫人的小女儿艾芙·居里·拉布伊斯（1904~2007）是全家人中唯一不从事科学的人，但她继承了外婆的遗传基因，在音乐方面很有天赋。

艾芙不感兴趣父母的物理实验，不爱听到家里来的大人们的谈话。当父母和叔叔阿姨们谈论科学上的事情，姐姐听得津津有味时，她就自己走开玩去了。

艾芙是一位人道主义者与新闻工作者，她虽然没有获得诺贝尔奖，但她的丈夫小亨利·理查森·拉博尼斯在1965年代表联合国儿童基金会领取了诺贝尔和平奖。

虽然诺贝尔奖并不是衡量成就的唯一标准，但多少能说明点问题。居里一家六口人，得了五个诺贝尔科学奖，还有一个人相关于诺贝尔和平奖，这种家庭应该是绝无仅有的！

富兰克林：发现 DNA

在大多数人的脑海中，揭露基因的秘密，发现脱氧核糖核酸（DNA）的，是美国生物学家詹姆斯·沃森（1928~　）与英国生物学家克里克（1916~2004），当然，还有与他们共同分享 1962 年诺贝尔生理学或医学奖的英国生物学家莫里斯·威尔金斯（1916~2004）[33]。

这是一个世俗的社会：得了诺贝尔奖，光环罩顶荣誉满身，没得之人，往往会逐渐被人淡忘。然而，历史上的真实情况要复杂得多，远远不是能够被某种奖项"一刀切"而简单分清楚的。

在刚才我们所说的有关 DNA 的发现中，得诺贝尔奖的是三位男士。然而，在 DNA 被发现的实际过程中，一位女科学家的工作起了关键的作用。可以不夸张地说，她才是 DNA 结构的真正发现者，但却被人们遗忘了半个世纪!

让我们回顾一下这段历史。

1951 年，在剑桥大学卡文迪什实验室里，两位年轻人，美国人詹姆斯·沃森和英国人弗朗西斯·克里克，开始研究 DNA 的分子模型，两年后，他们确定了 DNA 的双螺旋结构，使遗传研究深入到分子层次，开启了分子生物学的大门。

当时 23 岁的沃森已经获得了生物学博士学位，35 岁的克里克却还

克里克　　　　　　　　　　　　　沃森

威尔金斯

富兰克林

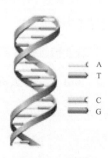

DNA 的双螺旋结构

图 28—1：发现 DNA 双螺旋结构的科学家们

是个研究生。那是因为克里克原来是学物理的，第二次世界大战期间他为英国海军部工作，研制水雷而耽误了学业。20世纪40年代，量子物理大师之一的薛定谔对生命产生的本质极感兴趣，写了一本书《生命是什么？》[34]。此书对克里克的影响很大，使他在大战结束后下决心半路出家改修生物，沃森从美国到剑桥做博士后的时候，克里克正在写他的博士论文，课题是用X射线研究多肽和蛋白质。而沃森的课题是研究烟草花叶病毒[35]。尽管两个人的正规研究项目都不是DNA，但他们出于共同的兴趣，"不务正业"地研究起DNA的分子结构来。

当时还有两个正规研究DNA模型的小组，一是离沃森和克里克所在的剑桥大学不远的伦敦国王学院的莫里斯·威尔金斯的实验室，另一个则是远隔重洋的美国加州理工学院鲍林的实验室。

威尔金斯是一个物理学家，是克里克的朋友，也是克里克在剑桥大学晚一年的师弟。他曾经多次向沃森和克里克提供他的实验室得到的DNA的晶体衍射图像，对他们构想正确的DNA分子模型很有帮助。

实际上对沃森和克里克发现DNA双螺旋结构帮助最大的，是一个与威尔金斯在同一实验室里工作的、名字鲜为人知的女科学家罗莎琳·富兰克林（1920~1958），她是一位优秀的英国物理化学家与晶体学家。

富兰克林出身于伦敦一个富裕的犹太家庭，父亲是伦敦工人学院的教授。她15岁时就决定要成为一名科学家，但父亲并不希望她走这条道路，毕竟在那个时代，科学界对女性还是存在着或多或少的歧视。最后，富兰克林从剑桥大学毕业后，又拿到了物理化学的博士学位，成为X射线晶体衍射技术方面的专家。

1950 年，富兰克林受聘前往伦敦国王学院任职，进行研究工作。由于某种原因，与同一个实验室的威尔金斯产生了一些误会。两人的领导（蓝道尔）在指派两人的工作时有些含糊不清，蓝道尔安排富兰克林对 DNA 结构独立研究，却没有向正在休假的威尔金斯说清楚，使得威尔金斯休假回来后将富兰克林看作他的助手，对她指手画脚地发命令，引起富兰克林的极度不满，认为威尔金斯不应该干预她的工作，由此两人经常在工作中产生矛盾。

　　沃森和克里克在 1951 年 11 月，听了富兰克林就她的 DNA 的 X 射线衍射图结果所做的一场演讲之后，受到启发并开始尝试排列 DNA 的螺旋结构模型。但是富兰克林本人开始时并不接受这种模型，看了两人的报告后做了许多的批评。当时，沃森与克里克所在的卡文迪什实验室领导是著名的晶体理论专家，25 岁时就与其父亲同获诺贝尔物理学奖的小布拉格。布拉格一直很支持沃森与克里克的研究，即使是不务正业的 DNA 研究也被他默许了。但是，当布拉格听到来自富兰克林的批评意见后，便要求沃森与克里克终止他们 DNA 结构的研究。有了这个因素，再加上富兰克林与威尔金斯一开始的误会，而威尔金斯与沃森和克里克关系较为密切，这种种原因，使得富兰克林在三个大男人的印象中成了一个我行我素的古怪女人。在 1953 年 3 月，富兰克林换工作离开国王学院之时，威尔金斯写了一封信给克里克，信中将富兰克林称为"黑暗女士"，说黑暗女士已经离开，他们终于可以自由地探索大自然的秘密了。三位男士对富兰克林的成见之深，从此话中可见一斑。并且，在他们后来大功告成得了诺贝尔奖之后，沃森在他发表的自传体《双螺旋》

一书中，还取笑式地把这位早已经长眠于地下的女同行描述成一个坏脾气的女学究。

1952年，富兰克林在实验中得到一张DNA的X射线晶体衍射照片。这张被称作"照片51号"的照片，曾经被专家形容为"最美的一张X射线照片"。但是，由于富兰克林当时对DNA的螺旋结构有质疑，并未立刻就此发表研究成果。而威尔金斯则以为沃森与克里克早已遵循布拉格的命令不做DNA结构的分析了，因此将照片51号拿给沃森过目。但正是这个关键性的实验结果，使得沃森与克里克确定了DNA的双螺旋结构。这张照片让沃森与克里克茅塞顿开，加上后来，两人又看到了富兰克林就此实验而提交的一份详细报告。于是，沃森与克里克取得了布拉格的同意，立即重新启动了他们的DNA模型研究课题。结合着之前的研究结果，两个人很快就研究出了DNA的化学结构，提出了DNA分子的双螺旋结构模型[36]。

再后来，沃森与克里克首次宣布他们发现的DNA结构时，富兰克林也已经认可了双螺旋模型，只有威尔金斯还糊里糊涂地被蒙在鼓里。不过最后，在布拉格的建议下，《自然》杂志于1953年4月25日同时发表了三篇论文：首先是沃森与克里克的，然后是威尔金斯的，最后才是富兰克林的。

富兰克林离开国王学院后，与三人的关系有所改善，但是不幸的是，我们的这朵"DNA科学玫瑰"过早地凋谢了。1958年，她因患卵巢癌而在38岁时英年早逝，其病因可能也与在实验中长期接触X射线有关。

DNA 双螺旋结构的发现，堪称生物学上的一个重大里程碑。从此之后，生命之奥秘被打开，生命与物理及化学中所描述的"物质"之间的关系被逐步揭示出来。生物科学家们在了解了遗传信息的构成和传递机制的基础上，也试图从分子的角度对 DNA 进行重组、改造和研究。就像用原子和分子构成各种物质结构那样，生物学家们也企图用 DNA 分子重组来改良和创建新的物种。这种过程有些类似于机械、电气等行业中的各种设计和应用：从基础元件叠加组合在一起而构建出新的成品。因此，生物学开始频繁地与"工程"这个字眼联系起来，在 20 世纪 70~80 年代，由此发展出一门新兴的综合性应用学科：生物工程。

三位科学家因为发现 DNA 荣获诺奖时，富兰克林已经进了天堂，当然诺奖不可能有她的份。在颁奖台上，沃森、克里克和威尔金斯享受着鲜花与掌声，荣耀至极，也无可非议，但是，在他们的获奖感言中，完全不提富兰克林的工作，就有违一个科学家的道德良心了。

一直到了 2003 年，富兰克林去世近半个世纪，国王学院才命名了富兰克林－威尔金斯大楼（Franklin-Wilkins Building）。沃森与克里克后来也在公众场合，承认了富兰克林的贡献是他们发现 DNA 双螺旋结构的关键。历史总算为这位为科学而献身的女性讨回了一点公平。

埃达：第一个程序员

计算机程序被称为软件，是相对于实际上物理实现计算过程的集成电路等硬件设备而言。产生软件的过程大概分为两步：第一步，产生"算法"；第二步，将逻辑概念变成数学指令，再用某种计算机能懂得的语言记录下来。用技术一些的话来说，第一步是算法，第二步则由算法而生成具体程序。有了这两步，软件就写好了，存在计算机中备用。

打个比喻，就像是一个做菜的过程。首先，被有经验的厨师分解为若干步骤而将"做法"记录下来；然后，为方便起见，将这种做法用各种语言写成菜谱，留存待用。任何想做菜的人，都可以一条一条地照着做。因此，所谓软件程序，就是计算机需要照着办的"菜谱"，为计算机写"菜谱"的人，就叫作程序员。其实，这个称谓是大家所熟知的，因为我们周围有很多程序员，也许你自己就是一个。但是，如果我问你，谁是历史上的第一个程序员呢？你就不见得能回答出来了。

历史上的第一个程序员是一位女性，也是一个名人的后代。她叫埃达·洛夫莱斯（1815~1852），是著名英国诗人拜伦之女。

图 29—1：拜伦的女儿埃达

　　诗人的女儿怎么成了程序员呢？这得从数学家巴贝奇的故事说起。

　　查尔斯·巴贝奇（1791~1871）是英国人，他原来是剑桥大学的一位数学教授，但究其毕生的兴趣和成就，却是在计算机的设计方面。因此，准确地说，巴贝奇更是一个发明家和机械工程师。历史上，帕斯卡尔和莱布尼茨发明了手摇计算机，但按照现在的观点来说，那都不能算是真正的计算机，顶多被称为计算器。而巴贝奇设计的机器，是第一个符合图灵完整性的真正的机械计算机装置。因此，有人将帕斯卡尔誉为"机械计算机发明者"，而将巴贝奇誉为"机械计算机之父"。这些称谓对我们无关紧要，了解一下这位机械计算机先驱者的工作，倒是颇有

图 29—2：查尔斯·巴贝奇

意义的一件事。

作为数学家，巴贝奇的兴趣很广泛。他很关心天文学方面的计算，并由此倡导建立了天文协会。当时的天文计算中经常需要借助对数表，而巴贝奇发现人工手算产生的对数表中有很多错误。这种航海天文中对自动生成对数表的需求使巴贝奇逐渐萌生了设计制造出一台自动计算机的想法。于是，巴贝奇设计了第一个差分机，并在 1824 年"为他的发动机的发明用于计算的数学和天文表"赢得了金奖。

1822 年，巴贝奇从英国政府得到了一笔基金而开始制造差分机。

他的第一个差分机如果造出来，会是一个复杂的庞然大物。它将由蒸汽机驱动，使用大约 25,000 个元件，重达 15 吨，2.4 米高。但这台机器从来没有被完成。其原因之一是与巴贝奇不会管理有关，在制造的过程中，他经常改变设计方案。10 年之内，花费了政府大量投资（17,000英镑）却一无所获。此外，政府的目的和巴贝奇的目的是不同的，巴贝奇醉心于研究他的机器之功能，所以不断改进，政府却是希望赶快造出机器来自动生成对数表而用于工程实践。第一个差分机尚未完成，巴贝奇又设计出被称为"分析机"的机器。

再后来（1847 年至 1849 年），巴贝奇继续努力，孜孜不倦地工作，又画出了叫作"差分机 2 号"的改进版的详细图纸，但却因为没能从英国政府获得资金而无法制造出来。

巴贝奇的差分机是第一台可编程序的计算机。在它之前的计算设备，没有预先编好的程序，因而也只会做简单的运算，临时叫它做什么，它就做什么，就像人没有菜谱也能做简单的家常菜一样。巴贝奇的机器第一次有了"程序"的概念，它使用穿孔卡片进行编程。穿孔卡片回路控制一台机械计算器，前面计算的结果可以作为输入而被下一步所使用，这样便避免在数据抄写输入等过程中产生的许多人为错误。此外，差分机在设计中还包括了现代计算机中经常使用的几个特点，比如顺序控制、分支和循环等，输出结果的精度达到 31 位。

就数学原理来说，差分机算是一台多项式计算机器，它利用牛顿发明的差分法原理，将乘法变成加减法，从而来计算多项式的值。比如，如果想要计算 $f(x)=2x^2-3x+2$，当 x 等于 4 的时候的数值，最直接的办法当然是使用加减乘除进行计算。但是，如果我们的机器不会做乘除、只会做加减的话，又该怎么办呢？

x	$p(x)=2x^2-3x+2$	$diff_1(x)=(p(x+1)-p(x))$	$diff_2(x)=(diff_1(x+1)-diff_1(x))$
0	2	−1	4
1	1	3	4
2	4	7	4
3	11	11	
4	22		

看看上面的表格，可以给我们一些启发。让我们首先算出这个多项式在 $x=0$、1、2、3 时候的数值，如表中第二列所示，分别等于 2、1、4、11。然后，将第二列上下两个数值相减而得到第三列的 −1、3、7，称之为多项式的一阶差分。再将第三列的上下两个数值相减而得到第四列的 4、4、4，称之为多项式的二阶差分。如此做法，我们会发现一个有趣又有用的规律，一个 n 次多项式的 n 阶差分将是一个常数。利用多项式的这个特点，设想计算机一开始已经储存了上面表格中每一行的第一个数值 2、−1、4，称之为"初始值"。此外，对上表例子中的第四列而言，因为是个常数 4，所以，知道了第一个数值，就知道了所有的数值。然后不难发现，我们可以利用对每一列做加法的办法，把表中其余的数值都产生出来。换言之，多项式对任何 x 的数值，都可以从上到下地由加法计算出来。这便是巴贝奇的差分机的工作原理。

非常遗憾的是，巴贝奇设计的机器，当时一个也没有造出来，都因为缺乏经费半途而废，一万多个还没用到的精密零件被熔成一堆废铁。1871 年，巴贝奇在失望中去世，据说《泰晤士报》在讣告中还嘲笑他的失败。

一个半世纪后，在 1989 年至 1991 年，巴贝奇设计的差分机 2 号，

图 29—3：伦敦科学博物馆的差分机

终于被后来的科学家工程师们造了出来。2000 年，伦敦科学博物馆又完成了巴贝奇设计的用于差分机的机械打印机。当时，伦敦科学博物馆根据巴贝奇的设计建造了两台差分机 2 号，一台为博物馆拥有，另外一台属于微软的前首席技术官内森·梅尔沃德，于 2008 年 5 月 10 日运到美国加州山景城的计算机历史博物馆展览。

埃达是她的母亲与诗人拜伦唯一的合法孩子。母亲安娜贝拉受过数学训练，因而也坚持雇一位私人教师教埃达数学，正好埃达也具有这方面的天分和兴趣。即使她在结婚生子成为洛夫莱斯伯爵夫人之后，也仍然保持对数学的兴趣。

埃达 17 岁的时候，在一次宴会上认识了巴贝奇，那是巴贝奇正在试图建造他的分析机的那段时间。埃达立刻迷上了巴贝奇的新机器。1842 年左右，埃达花了 9 个月的时间翻译一个意大利数学家描述分析机的论文，并应巴贝奇的要求，在文章后面增加了许多自己的注记，详细地说明如何使用分析机来计算伯努利数。她的这些注记，被认为是世界上第一个计算机算法程序，因此，埃达也被认为是世界上的第一位程序员。埃达自己形容她写的这些东西是一种"诗意的科学"，并且，埃达在文章中发挥她"诗意的想象"，为巴贝奇的计算机预言了许多巴贝奇自己也从未想到过的新用途。比如，埃达写道："这个机器未来可以用于排版、编曲或是各种更复杂的用途。"

　　1852 年，埃达于 36 岁时因子宫颈癌手术时，失血过多而早逝。巧合的是，她的父亲拜伦也是同样 36 岁时，死于失血过多。这位美丽的计算机爱好者，从此安静地长眠在她的父亲身旁。

　　在 1980 年 12 月 10 日，为了纪念埃达对计算机程序设计的贡献，美国国防部制作了一个新的计算机编程语言，取名为 Ada。

内在美

数学美

理论美

第六章

科学之美

理论美

简约美

人类的科学活动，体现了人类对大自然的好奇心和求知欲，本质上来说表现的也就是人们对美的追求。人们对大自然外在美的好奇，诱发出探索自然规律内在美的欲望。科学之美是多种多样的，其中尤为突出的，是多种形式的数学美。数学的逻辑、对称、简洁、复杂、完备、统一等特征，为科学之美锦上添花。

　　本章通过科学中一些具体例子，讨论科学之美的某些典型特点。

内在美

科学的目的是探索大自然的客观规律，大自然本身就很美：蓝天白云、花红草绿、山高水长、莺歌燕舞，世间万物变幻无穷，展示着美。此外，一年之内的季节变换、星辰运转，使我们的大地有春天之明媚，夏日之灿烂，秋风之温馨，冬雪之素雅。这一切，给人以无限的美感，在大自然的美景下从事的一切科学活动，都充满了美。

不过，所谓的科学美，主要指的是科学工作的内在美，指的是科学家们从现象到本质，从大自然的外表之美发掘出来的自然界运行规律的本质之美。例如，我们下面从科学家探索"光"的历史，来说明什么是科学的内在美。

光的历史

人类研究"光"的历史很长，因为"光"自古以来就给人一种神秘感。光在神话传说中，不管是东方的还是西方的，都扮演着重要的角色。中国有个神话故事叫"盘古开天地"：世界原来是混沌一片，黑暗一片。盘古来了，盘古长大了，最后，盘古的双眼化为日月。于是，世界才有了光……西方神话中的光，来得比较简单："上帝说要有光，于是便有了光。"……

可以说，光几乎是所有事物之美（丑）感的来源。想象一下，这个世界如果没有了光，会变成什么样子？通常说"万物生长靠太阳"，即使避而不谈那些"光合作用"之类对世界中生物界的物理效应，仅仅对感官而言，没有光也是难以想象的：世界变成黑暗一片！声音和触摸也许有时能给人一定的美感，但比较起来，光要重要多了。

人类对光的研究开始于古代。公元前 700 年左右，古埃及人与美索不达米亚人便开始磨制与使用透镜；古希腊哲学家与古印度哲学家都提出了很多关于视觉与光线的理论；在古希腊罗马时代，几何光学开始萌芽。

人类最早注意到的是光的"直线传播"的特点，从而有了对反射和折射规律的认识，这是几何光学的基础。因此，几何光学一定程度上表现了人们从直线传播的现象，发掘出的科学本质，即科学之内在美。古代中国在几何光学研究方面也不逊色，墨子是其代表。

墨子和几何光学

墨子和他的弟子们的工作中，最具"科学"意味（非技术）的是对几何光学的研究。基于《墨经》中八个词条记录的光学现象，可以知道墨子等人特意进行了一些光学实验，比如小孔成像、平面镜成像、凹面镜成像、凸面镜成像等。八条记录，寥寥几百字，清楚地说明了各种环境下成像的过程，物体与光源之相对位置对影像大小的影响等，尤为重要的是，这些实验证明了"光线直线传播"这个物理规律，从而奠定了几何光学的理论基础。

举小孔成像为例：

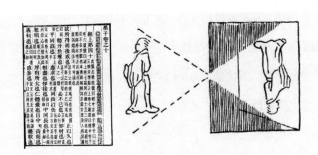

图 30—1：《墨经》和小孔成像

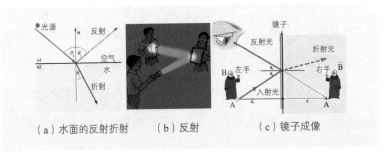

（a）水面的反射折射 　　（b）反射 　　（c）镜子成像

图 30—2: 几何光学：如果没有东西挡住，光走直线。如果挡住了呢，光就会反射。假设不是完全挡住，例如，像水面或玻璃那样，光线碰到的是有些透明（半透明）的物体，光就分成两部分，反射一些，透射（折射）一些，就像上面图中（a）图所示的情况

墨子的光学研究，与古代中国其他萌芽中的科学一样，因社会发展的原因而中断了。

东西方绘画艺术给人不同的美感。中国画抽象含蓄，重在写意；西方油画大胆逼真，重在写实。在此且不评论孰高孰低的问题，应该是各有所长。但是，在绘画技巧方面，东方远不及西方。

据说西方油画在16世纪后才在技艺上有明显提高的，这里隐藏着一个有趣的秘密。那就是，油画的艺术美，是得益于科学的帮助。换言之，科学之美帮助创造了艺术美！

是怎么回事呢？原来，自15世纪开始，许多西方画家改进了传统的绘画方式，借助镜子和其他的光学元件来创作，他们将光线照向模特，然后通过光学仪器，将成像投到屏幕或画布上，以此作为绘画前创作和构图的基础。也就是说，那些惟妙惟肖的作品不是完全靠"裸眼"写生完成的，其中已经利用了一部分现代所称的"照相技术"。

因此，这是既懂艺术又懂科学的优越性，一些西方艺术家，也同时是科学家。例如，文艺复兴艺术三杰，都是难得的通才：拉斐尔既是画家，也是建筑师，举世闻名的雕刻作品《大卫》的作者米开朗基罗，是画家和诗人，也是雕塑家、建筑师。达·芬奇既能发掘科学美，也能创造艺术美，还能将两者融会贯通，此外，他还是一位少见的博学家，他在绘画、音乐、数学、几何学、解剖学、生理学、天文学、地理学、物理学、光学、力学、机械发明等领域都有显著的成就。

中国历史上没有如达·芬奇这样的人物，中国画是中国士大夫阶层文人们的高级精神玩物，也许他们只重视"意境"，不屑于去"写实"，也没有兴趣去摆弄那些镜子和透镜之类的光学仪器。因此，中国艺术才发展成了这种独特的神韵。西方艺术到了毕加索直至现代，也发展出一条"抽象"和"写意"的风格。这是东西方艺术发展的不同轨道，不同的美。

美丽的彩虹

雨后的彩虹给人美感，七色彩带横跨天空一角，五彩缤纷，分外迷人，令人陶醉，见图30—3（a）。然而，古代人如何看待彩虹？科学家们又从彩虹中看见些什么呢？

我们看见彩虹有七种颜色，"红橙黄绿蓝靛紫"，认为彩虹很漂亮，古人可不是这样看的。

古人缺乏科学知识，任何少见的天象都会引起人们的惊恐和担忧。彩虹也不是天天都有的，所以，大多数民族都将它视为怪物，西方东方都是这样。

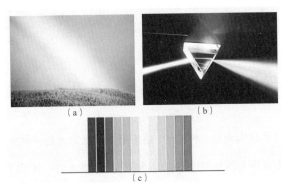

图30—3：（a）彩虹，（b）三棱镜分解白光，（c）各种颜色的光

中国古代说彩虹是"七色大龙"，还不能用手指它，认为它的出现是上天示警，有什么灾难要发生了。指它的人，可能就会倒霉哦……其实，一直到宋朝，公元1000年左右，中国人还认为彩虹是老天派来吸水的"双头龙"，就像图30—4的壁画中画的怪兽模样。人们认为彩虹是一个饮水狂魔，如果它降临于大地，一口气就能把井水给喝干了。

图30—4：古代壁画中的彩虹

在西方，远至亚里士多德时代，科学家就试图解释彩虹，但他们的观点也是完全错误的。15世纪的欧洲，甚至有人已经能够在实验室里复制彩虹，却仍然未能认识到其本质。一直到牛顿回老家避瘟疫所做的棱镜实验[图30—3（b）]，演示了白光通过三棱镜后分解成许多颜色的过程，才揭开了光的颜色之谜，从而开启了物理光学的大门[图30—3（c）]。

粒子还是波

牛顿当年认为光是一种粒子，后来惠更斯认为光是一种波。再后来，法拉第和麦克斯韦的经典电磁理论确定了光的波动性，证实了光是一种电磁波。

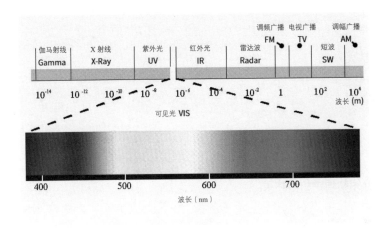

图 30—5：电磁波谱

有了科学，我们才知道，原来我们看到的美丽无比的彩虹，所有的颜色（可见光）不过是整个电磁波谱图上的一小段（图30—5）。从图中我们还知道，即使是可见光范围内，颜色也不止七种，所谓彩虹的7种颜色，还可以细分下去，例如，一种红色就可以分成浅红、橘红、桃红、深红等。并且，每种颜色之间都是逐渐过渡的，并不一定有明显的分界线！所以，实际上，光有好多好多种颜色，可以说无穷多。"光"，实在太奇妙了！

再后来，物理学家们建立了量子力学，对光的认识又深入一步。从量子物理的观点，光具有二重性，既是粒子又是波。

所以，人类进化了几十万年，现代科学也诞生了好几百年，但仍然还在探索"光是什么？"的问题。几何光学看来：光是一条一条的线，有时是直线，有时会转弯，所以我们叫它"光线"；牛顿之后，对光的解释便在"粒子、波、粒子和波"之间来回振荡，振荡中展现了科学之美。

数学美

物理和数学密切相关，因此，数学美体现在物理的各个方面。本节介绍物理中的对称美。

对称和群论

自然界中事物的对称性，往往给人以美感，因为对称使人产生平衡和谐、坦荡舒适的感觉。对称无处不在，它在我们的世界中扮演着重要的角色。自然界遍布虫草花鸟，人类社会处处有标志性的艺术和建筑，这些事物无一不体现出对称之美。世界上有不同形式的对称：平移对称、旋转对称、轴对称、中心对称……不仅仅大自然物质世界具有对称性，描述物理世界规律的科学理论也具有对称性。例如，宏观、介观和微观，经典与现代，均有互相对应的特点，也可视作互为对称。对称是一种美。各种各样的对称性，或许也应该加上各种不对称性，构成了我们周围美丽的世界。

几何图形的对称不难理解，当人们说到"天安门左右对称"，"某个天体中心对称"，"雪花是六角形对称的"，每个人都懂得那是什么意思。但对称性貌似简单，细究起来又是一种十分抽象而模糊的概念，例如我们可以直观地认为等边三角形比普通的等腰三角形更加对称，但我们应该如何用数学来描述这种"更加对称"的意义所在呢？

从数学的角度来看待对称，其意义是几何图形在某种变换下保持不变的特性。比如说，左右对称意味着在左右镜像反射变换下不变；球对称是说在三维旋转变换下的不变性；雪花六角形对称则是说将雪花的图形转动 $60°$、$120°$、$180°$、$240°$、$300°$ 时图形不变。

对称不仅表现在物体的外表几何形态上，也表现于内在的自然规律中。最简单的例子可举牛顿第三定律：作用力等于反作用力，它们大小相等、方向相反，两者对称。电磁学中的电场和磁场，彼此关联相互作用，也是一种对称。

数学家用"群论"以及建立于其上的代数结构来描述对称。例如，对应于左右对称有反射变换群，球对称对应于 $SO(3)$ 旋转群。这样，我们就能够把抽象的对称性利用这种具体的代数结构加以研究。

对称和守恒

奇妙的是：数学中的对称与科学中的守恒定律紧密相关。

最早研究这个相关性的是 19 世纪一位才华洋溢的德国犹太裔女数学家，她就是曾经受到外尔、希尔伯特及爱因斯坦等人高度赞扬的艾米·诺特（1882~1935）。艾米·诺特对抽象代数做出过重要贡献，她有关对称和守恒的美妙定理，为自然界揭开了一片神秘的面纱，为物理学家们点灯指路。她的才华超过许多同时代的男性数学家，因此，当年

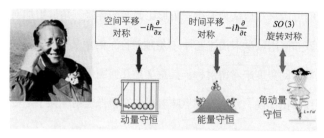

图31—1：艾米·诺特和诺特定理

的希尔伯特为了极力推荐诺特得到大学教职，曾用犀利的语言嘲笑那些性别歧视的学究们："大学又不是澡堂！"

诺特对理论物理最重要的贡献是她的将对称性与物理学中的守恒定律联系起来的"诺特定理"。对称性描述大自然的数学几何结构，守恒定律说的是物理量对时间变化的规律，表面上看，两者似乎不是一码事。但是，这位数学才女却从中悟出了两者间深刻的内在关系，即将数学的对称美与守恒定律的物理美联系起来。诺特定理在量子理论中特别重要，因为它仅用经典力学的原理就可以识别出海森堡不相容原理中涉及的两个共轭相关物理量，比如位置和动量，时间和能量，等等[37]。

诺特定理证明了对称中的几何变换不变，与物理中守恒的时间空间不变之间的联系。

诺特定理的意思是说，每一个能够保持拉格朗日量不变的连续群的生成元，都对应一个物理中的守恒量。拉格朗日量是物理学中一个描述动力系统的重要函数，与最小作用量原理结合起来，可以公理式地推导出整个牛顿力学，也能延伸到量子物理。诺特定理便建立于拉格朗日量不变的基础上。比如说，如图31—1所举的例子，空间平移群的对称性，对应于动量守恒定律；时间平移群，对应于能量守恒定律；旋转群 $SO(3)$ 则对应于角动量守恒定律。这些对称群生成元算符之间的代数关系，表明了对应群的对称性。诺特将这种对称性通过系统的拉格朗日量与物理守恒定律联系起来，是她对数学物理的杰出贡献。

物理对称性有两种：时空对称性和内禀对称性。统一理论标准模型中的规范对称，反映了物理系统的内禀对称性，因此，每种规范对称性也都对应着某种守恒量。例如，电磁场规范变换对应的守恒量是电荷 q，同位旋空间的 $SU(2)$ 规范变换对应于同位旋守恒，夸克场的 $SU(3)$ 则对应于"色"荷守恒。此外，除了连续对称性之外，在量子力学中，某些离散对称性也对应守恒量，例如，对应于空间镜像反演的守恒量是宇称。

在现代物理学及统一场论中，对称和守恒似乎已经成为物理学家们探索自然奥秘的强大秘密武器。感谢诺特这位伟大的女性，为我们揭开了数学和物理之间这个妙不可言的神秘联系。

诺特终生未婚，也无后代，在 1935 年于美国布林莫尔逝世，享年仅 53 岁。

对称和不对称

如上一节所述，对称性在物理学中具有非常基本的意义。对称性是物理学之美的重要体现，物理定律的对称性也意味着它在各种变换条件下的不变性。由物理定律的不变性，可以得到守恒量。历年的诺贝尔物理学奖中，不少颁发给了与对称有关的研究。

然而，世界就是如此奇妙，对称中又有许多的"不对称"！所以，不要以为"对称之美"一定胜利！科学奖项颁发给发现对称的人，也颁发给发现不对称的人。至少有7位学者，因为研究"不对称"而获得了诺贝尔物理学奖。这其中，我们熟知的华人学者李政道和杨振宁捷足先登。

正因为对称和守恒性这两个概念是紧密地联系在一起的，因而，打破一种非常重要的对称守恒定律，确实需要极大的勇气和物理洞察力。

20世纪50年代，杨振宁和李政道从 θ-τ 之谜这个具体的物理问题出发，将弱相互作用从宇称守恒的其他过程中独立出来，提出了"宇称在弱相互作用中不守恒"的可能性。所谓 θ-τ 之谜是什么呢？符号 θ 和 τ，指的是20世纪50年代初，科学家们从宇宙射线里观察到的两种新的介子。介子是一种质量介于质子和电子之间的基本粒子。θ 和 τ 这两种介子的自旋、质量、寿命、电荷等完全相同，似乎是同一种粒子。但是，它们却具有不同的衰变模式，θ 衰变时会产生两个 π 介子，τ 则衰变成三个 π 介子，这就是当年困惑人们的 θ-τ 之谜。为了解决这个问题，1956年，李政道和杨振宁大胆地断言：τ 和 θ 是完全相同的同一种粒子（后来被称为 K 介子），但因为 θ-τ 粒子在弱相互作用下宇称不守恒而造成了某些情况下两种不同的衰变方式。

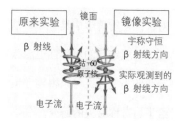

图 31—2：吴健雄验证弱相互作用宇称不守恒的实验

李政道和杨振宁的观点石破天惊，他们突破了物理学完美的对称世界！此后不久，同样来自中国的杰出的女实验物理学家吴健雄用一个巧妙的实验验证了李政道和杨振宁的结论，证实了"宇称不守恒"。如图31—2所示，她在极低温（0.01K）下用强磁场把一套装置中的钴-60原子核自旋方向转向左旋，把另一套装置中的钴-60原子核自旋方向转向右旋，这两套装置中的钴-60互为镜像。实验结果表明，这两套装置中的钴-60放射出来的电子数有很大差异，而且电子放射的方向也并不互相对称。实验结果证实了弱相互作用中的宇称不守恒。从此，"宇称不守恒"才真正被承认为一条具有普遍意义的基础科学原理。

　　宇称不守恒，是对空间镜像对称性的破坏。并且，此后的研究表明，宇称不守恒并不是孤立的现象，粒子和反粒子的行为也并不是完全一样的！由此人们认识到宇称不守恒定律于理论物理学的重大意义。接下来，科学家发现连时间本身也不再具有对称性了！世界从本质上就是不完美而有缺陷的。这无疑给人类对自然规律的认识带来全新的启示。

　　1998年年末，物理学家们首次在微观世界中发现了违背时间对称性的事件：反K介子转换为K介子的速率比其逆转过程，即K介子转变为反K介子，来得要快。粒子世界物理规律对称性的破碎，也对宇宙的形成构成了一种解释：宇宙大爆炸之后诞生了数量并不完全相同的物质和反物质，正反物质相遇后不能完全湮灭，因而才有了如今的星系乃至人类。

杨振宁对"对称"的贡献

98 岁高龄的杨振宁，是当今在世的物理学家中，最为杰出的理论物理学家之一。他获奖无数，荣誉崇高，使我们感到荣幸和骄傲的是，杨振宁是中国人，是不折不扣的华夏子孙。

杨振宁的一生，非常典型地代表了他那个时代中国知识界的轨迹。他出身书香门第，生于民国初年（1922），历经抗战，出国留学，功成名就，成为享誉国际的学术大师。最后回返祖国，落叶归根。

杨振宁本人对于对称性有极深的感悟。1999 年，在石溪的一次学术会议上，杨振宁被称为"对称之王"。而杨振宁的传记被取名为《规范与对称之美》，恰如其分地表征了他毕生的追求和几项最伟大的贡献。杨振宁认为，对称与量子化和相位一起，成为 20 世纪物理学的主旋律。

杨振宁对物理学的最大贡献，应该是他和米尔斯在 1954 年创立的非阿贝尔规范场理论。这个理论在当时没有受到重视，但是后来通过许多物理学家引入的自发对称破缺概念，建立了被认为是 20 世纪后半叶基础物理学之集大成的标准模型。杨－米尔斯理论在标准模型中，为所有已知粒子及其相互作用提供了一个框架，后来的弱电统一、强作用，一直到标准模型，都是建立在这个基础上。即使是尚未统一到标准模型中的引力，也完全可以包括进规范场的理论之中。可以毫不夸张地说：杨－米尔斯规范理论，对现代粒子物理理论，起了"奠基"的作用。

$$F_{\mu\nu} = \left(\frac{\partial A_\nu}{\partial x_\mu} - \frac{\partial A_\mu}{\partial x_\nu}\right)$$

A 是矢量势

推广到
⟹
非阿贝尔
杨－米尔斯场

$$F_{\mu\nu} = \left(\frac{\partial B_\nu}{\partial x_\mu} - \frac{\partial B_\mu}{\partial x_\nu}\right) + (B_\mu B_\nu - B_\nu B_\mu)$$

B 是 2×2 的矩阵   对易子

图 31—3：杨－米尔斯规范场

　　主宰世界的四种自然力中的电磁相互作用、强相互作用和弱相互作用，都可以由杨－米尔斯规范场描述，而描述引力的爱因斯坦广义相对论也与杨－米尔斯理论有相通之处，杨振宁称之为"对称支配力量"的理念启发了一代又一代物理学家。

　　异常敏锐的泡利曾经对杨振宁引入的传播子的"质量"提出过质疑。规范理论中的传播子都是没有质量的，否则便不能保持规范不变。电磁规范场的作用传播子是光子，光子没有质量。但是，强相互作用不同于电磁力，电磁力是远程力，强弱相互作用都是短程力，短程力的传播粒子一定有质量，这便是泡利当时所提出的问题。泡利还推荐杨振宁参考狄拉克关于电子在引力场时空中运动的相关讨论。不过，直到多年后，杨振宁才明白了其中所述的引力场与杨－米尔斯场在几何上的深刻联系，从而促使他在 70 年代研究规范场论与纤维丛理论的对应，将数学和物理的成功结合推进到一个新的水平[38]。

　　说到纤维丛理论，不能不赞美杨振宁将数学和物理紧密联系，以及对数学本身的巨大贡献。实际上，杨振宁另一项伟大成就是杨－巴克斯方程，这个方程在物理和数学上都非常重要。杨振宁自己说："杨－巴克斯方程虽然在物理上有所应用，但是它对于数学的影响更加巨大。"这个方程式是杨振宁和巴克斯在处理不同问题时分别独立得到的。杨振宁发现一维函数排斥势中的费米子多体问题可以转化为一个矩阵方程，

图31—4：1980年杨振宁给出的数学—物
理双叶图

即后来被称为杨－巴克斯方程。这个方程和许多重要理论有密切关系，杨振宁所解决的一维费米子问题后来在冷原子的研究中非常重要，他在发展这个方程中发明的数学方法也被用来解出一维Hubbard模型，而这个模型又成为高温超导许多理论模型的基础。

　　杨振宁是物理学家中的数学大师，这在很大程度上是由于他的数学家父亲，清华大学著名的数学教授杨武之先生。杨振宁说："或许因为受父亲影响，我比较欣赏数学。我欣赏数学的价值观念，我钦佩数学的美和力量。"关于他自己在物理研究中采用的纤维丛理论，他对陈省身先生表示过对数学的惊叹。而纤维丛结构正是电磁场的基本结构，纤维丛理论后来在研究凝聚态物质的拓扑性质方面发挥了极大的作用。但是同时，杨振宁也认为物理和数学之间，除了有若干共同的最基本的概念之外，一致性的东西并不多；二者之间更多的是不同：目标取向、研究传统、价值观念、主体内容，都不相同。他还借用双叶图（图31—4）之对称，描述两者的关系。其中重叠部分即共同点，发生在历史的早期，有微分方程、希尔伯特空间、黎曼几何及纤维丛等。此后两者发展的途径则渐行渐远，实验物理与数学，可以说完全没有交叠。两者主要以应用数学为媒介，仍然是科学发展的大趋势。

在物理学的传奇中，杨振宁无疑占据一个显耀的位置。他的成就给中华儿女带来了信心。诚如他自己所言："假如……问我，你觉得你这一生最重要的贡献是什么？我会说，我一生最重要的贡献，是帮助改变了中国人自己觉得不如人的心理作用。"

简约美

世界上并不缺少美，一切皆美！只需要我们去发现它，欣赏它。简单事物有其简约之美，复杂事物有复杂之美。

然而，美是什么？什么是美？如何定义？美是主观的，还是客观的？

19世纪德国哲学家尼采说[39]："美就是生命力的充盈。"很难说这是对美的定义，但从中能体会到一点精辟之处，既然美是生命力的显现，向谁显现？当然是向其他的人显现，那么，其中隐含着的意思是说，美是人们的一种主观感受，如果你感受到生命力，就感受到了美。俄罗斯思想家和文学评论家别林斯基也曾经有过类似的说法：美都是从灵魂深处感知的。认为美是一种来自人灵魂深处的反应。

美似乎是主观感受，并非客观存在的标准，达·芬奇画了一幅《蒙娜丽莎》，有人从中看到美妇人，有人看到永恒的微笑，有人看到善良美，有人感觉妇人的哀伤之美，有人感觉神秘美，更有甚者还看出其中暗藏着能破解玄机的密码，也可算是一种特殊美感。这些感受因人而异，但都是人为产生的主观感觉。

那么，画像本身是否具有"美"的客观特质呢？应该是有的，否则，大多数人为什么会有共同体验的美感呢？

固然，人和人之间的共同感受，主要来自于共同的文化基础。人类进入了文明，也产生了文化，文化中的"美"体现了人类这个群体共同的审美记忆。美感是主观的，但美丽事物的共同规律，又可算是人类文化中的一种"客观存在"，能使得大多数人产生美感的事物，就是因为符合了文化中的这种客观规律。就这个意义而言，美感有其"客观"的一面，但这与认为美是事物的客观性质，是两码事。

既然美感与文化有关，人们对美的欣赏就与个人的文化水平有关。李白有一首诗："云想衣裳花想容，春风拂槛露华浓。若非群玉山头见，会向瑶台月下逢。"不懂古诗词的人初初一看，恐怕很难看出这首诗是在描写一个绝世美女，因此也很难体会其中的文字言辞及诗词意境之"美"。

科学也是一种文化，那么，学科学的人经常提到的数学美、物理美、理论之美，也与一个人的教育程度、科学素养有关。即使是学理工科的，也并不是每个人都能欣赏理论中的数学之美。常听人们说，麦克斯韦方程，还有两个相对论，都体现了数学美。然而，没有一定数学修养的人，看到的只是一大堆繁杂讨厌的数学公式，哪里有什么"美"呢？

许多事物既简单又复杂，两者渗透、掺杂在一起，互配互补，相辅相成。物理理论也是这样，既有构成理论框架的简约美丽的粗线条，也有深入描述具体情况的无数细致部分。杨振宁写过一篇题为"美与物理学"的文章，其中提到狄拉克和海森堡两位前辈完全不同的行文风格。正是因为杨振宁的物理直觉和数学都达到了一流的水平，才既能体会到狄拉克那种"秋水文章不染尘"的简约之美，也能欣赏海森堡文章中含糊混沌的"复杂之美"。并且，科学研究本身就是一个不断地从简单到

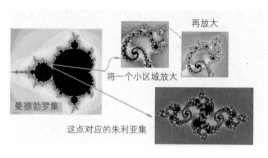

图 32—1：简单方程产生出复杂的曼德勃罗集

复杂，又从复杂到简单的过程。

说明简约美和复杂美之关联，分形和混沌是很好的例子。

分形中的曼德勃罗集可以用一个简单的方程产生出来，它的图像中却包含着变化无穷、有着自相似性质的复杂层次结构。混沌理论与此相关，简单约化了的几个数学方程，用来表示像气候这一类异常复杂的现象。这些方程式产生的混沌解，揭示了复杂系统的长期行为不可预测的本质，这也就是通常所谓的"蝴蝶效应"[40]。

分形几何是由美国 IBM 公司的科学家曼德勃罗（1924~2010）第一个提出来的。曼德勃罗生于波兰华沙的一个犹太人家庭，父亲是服装商人，母亲是牙科医生，他对数学的爱好则得益于他的居于巴黎的数学家叔叔。曼德勃罗 12 岁时就随全家移居巴黎，之后的大半生都在美国度过。曼德勃罗于 1975 年创造分形（fractal）一词，他用海岸线作例子，提出一个听起来好像没有什么意思的问题：英国的海岸线有多长？

海岸线到底有多长呢？人们可能会不加思索地回答：只要测量得足够精确，总是能得到一个数值吧。答案当然取决于测量的方法及用这些

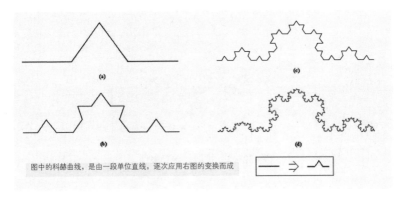

图中的科赫曲线，是由一段单位直线，逐次应用右图的变换而成

图 32—2：科赫曲线的生成方法

方法测量的结果。但问题在于，如果用不同大小的度量标准来测量，每次会得出完全不同的结果。度量标准的尺度越小，测量出来的海岸线的长度会越长！这显然不是一般光滑曲线应有的特性，但却是分形的特征。例如，有一种十分简单的分形，如图 32—2 所示的科赫曲线。

我们来测量一下科赫曲线的长度吧！看看图 32—2，如果把图（a）中曲线的长度定为 1 的话，图（b）、图（c）、图（d）中曲线的长度分别为：4/3、16/9 和 64/27……长度越来越大了，最终可以到无穷。这与用不同的标准来测量海岸线的情况类似。也就是说，用以测量海岸线的尺越小，测量出的长度就会越大，并不会趋向收敛于一个有限固定的结果。

所以，实际上，海岸线的长度将随着测量尺度的减小而趋于无穷！

从生成科赫曲线的过程可见，非常简单的迭代方法，能生成一条长度无限长的复杂曲线。除了这种由简单的线性迭代法生成的分形之外，还有另外两种重要的生成分形的方法：第一种与随机过程有关，是线性迭代与随机过程相结合；第二种是用非线性的迭代法。

图 32—3：扩散置限凝聚图

自然界中常见的分形，诸如海岸线、山峰、云彩等，更接近于由随机过程生成的分形。有一种很重要的与随机过程有关的分形，也就是如图 32—3 所示的分形，叫作"扩散置限凝聚"（diffusion-limited aggregation）。这种分形模型常用来解释人们常见的闪电的形成、石头上的裂纹形态等现象。

曼德勃罗 1975 年出版了《大自然的分形几何学》一书。这本书为分形理论及混沌理论，奠定了数学基础。对学术界内外的读者来说，这是一本认识分形的好书。书中有几句著名的话：

> 云不只是球体，山不只是圆锥，海岸线不是圆形，树皮不
> 是那么光滑，闪电传播的路径更不是直线。它们是什么呢？它
> 们都是简单而又复杂的"分形"……

著名的理论物理学家约翰·惠勒高度而精辟地评价曼德勃罗的著作："今天，如果不了解分形，不能算是一个科学文化人。"他又说："自然的分形几何使我们视野开阔，它的发展将导致新思想，新思想又导致新应用，新应用又导致新思想……"犹如分形本身一样，随之而产生的

图 32—4：用曼德勃罗—朱利亚图形设计的丝巾图案，内部的图形与朱利亚集相似

新思想和新应用将循环往复、层出不穷……

　　2010 年 10 月 14 日，曼德勃罗因胰腺癌在马萨诸塞州剑桥安然逝世，享年 85 岁。他离世之后，法国时任总统萨科齐称其具有"从不被革新性的、惊世骇俗的猜想所吓退的强大而富有独创性的头脑"。

　　曼德勃罗集可称是人类有史以来做出的最奇异、最瑰丽的几何图形，被人称为"上帝的指纹""魔鬼的聚合物"。用简单的计算机程序可以产生曼德勃罗集和朱利亚集等各种各样迷人的美丽图案。人们充分利用计算机的运算能力和图像显示功能，快速生成、随意放大，观看各种美妙图形。并且，不管你把图案放大多少倍，好像总还有更加复杂的局部，图案结构变换无穷，有的地方像日冕，有的地方像燃烧的火焰。放大的局部既与整体不同，又有某种相似的地方，与那些自然界的分形类似，图形是自相似的，但又并不完全满足严格的自相似性。这些漂亮的花纹被广泛地用在图案设计中。

读者可能会以为，能画出这么复杂的图形，使用的数学公式一定很复杂，计算机程序也必定很难写，但事实并不如此。下面我们就简单介绍一下，曼德勃罗集（和朱利亚集）是如何用计算机生成的。

首先，美妙复杂变换无穷的曼德勃罗集图形，只是出自于一个很简单的非线性迭代公式：

$$Z_{n+1} = Z_n^2 + C \, 。$$

首先解释什么叫非线性迭代。公式中的 Z 和 C 都是复数。我们知道，每个复数都可以用平面上的一个点来表示：比如，x 坐标表示实数部分，y 坐标表示虚数部分。开始时，平面上有两个固定点 C 和 Z_0，这儿的 Z_0 是 Z 的初始值。为简单起见，我们取 $Z_0=0$，然后就有：$Z_1=C$。我们将每次 Z 的位置用亮点表示。也就是说，开始时平面上原点是亮点，一次迭代后亮点移到 C。再后，根据公式，我们可以计算 Z_2，它应该等于 $C×C+C$，亮点移动到 Z_2。再计算 Z_3、Z_4……一直算下去。我们现在的迭代中，要进行复数的计算，而且用到平方运算，不是线性的，因而叫作非线性迭代。

随着一次一次的迭代，代表复数 Z 的亮点在平面上的位置不停地变化。我们可以想象，从 Z_0 开始，Z_1、Z_2……Z_k……，亮点会跳来跳去。也许很难看出它的跳动有什么规律，但是，我们感兴趣的是当迭代次数 k 趋于无穷大的时候，亮点的位置会在哪里。说得更清楚些，我们感兴趣的只是：无限迭代下去时，亮点的位置趋于两种情形中的哪一个。是在有限的范围内呢，还是将会跳到无限远处不见踪影？因为 Z 的初始值固定在原点，显然，无限迭代时 Z 的行为取决于复数 C 的数值。

这样，我们便可以得出曼德勃罗集的定义："所有使得无限迭代后的结果能保持有限数值的复数 C 的集合，构成曼德勃罗集。"在计算机生成的图 32—1 中，右图中用黑色表示的点就是曼德勃罗集。

在计算机做迭代时，不可能做无限多次，所以实际上，是当 k 达到一定的数目，就当作是无限多次了。判断 Z 是否保持有限，也是同样的意思。当 Z 离原点的距离超过某个大数，就算作是无穷远了。

如果我们想仔细观察曼德勃罗集的边界，可以将计算机屏幕上的曼德勃罗图放大又放大。刚才说过，图中的黑点属于曼德勃罗集，但你会发现，无论你放大多少次，你都不会看到有一条明确的黑白（及其他颜色）分界线。在任何一个放大了的图中，你总是看见黑点和非黑点混在一起。

也就是说，曼德勃罗集的边界有着令人吃惊的复杂结构，看不到一条清晰的边界。属于"曼德勃罗集"的点和"非曼德勃罗集"的点，以很不一般的方式混合在一起，你中有我，我中有你，黑白一点也不分明，这也正是这种分形的重要特征之一。

那么，还有一个问题：如果只是区分"曼德勃罗集"和"非曼德勃罗集"，黑、白两种颜色就够了，为什么在曼德勃罗图案中，又有如此多的五彩缤纷的各种颜色呢？

原来，各种颜色的来源是因为公式不同的 C 值。设定了不同的 C 值后，将公式中的 Z 从 0 开始做迭代。如果在多次迭代（比如 64 次）后，Z 距离原点的距离 D 小于 100，我们认为这个 C 值属于曼德勃罗集，便将这个 C 点涂黑色……而其他的各种颜色则用以表示无限迭代后的结果趋向无穷的不同层次。

比如，对最后的 Z 距离原点距离（D）大于 100 的那些 Z_0 点，可以这样涂颜色：

$500 > D > 100$，C 点涂绿色；

$1000 > D > 500$，C 点涂蓝色；

$1500 > D > 1000$，C 点涂红色；

$D > 1500$，C 点涂黄色

……

这样，就产生出各种颜色无比美丽的曼德勃罗图形来了。由上可知，复杂出于简单，简单能代表复杂，两者皆美。

理论美

到底什么是物理学的美，那是一个模糊的概念，或者说只是一种感觉，只能意会，不能言传。物理学家也难以赋予它科学而精确的定义。以下举统一场论和希格斯粒子为例，说明物理学理论之美的几个方面。

理论预言之美

其实，科学史上的多次事实证明：成功的预言能够充分地体现美丽理论的强大魅力。麦克斯韦预言电磁波，狄拉克预言反粒子，都充分体现了理论预言之美。两位 2013 年诺贝尔物理学奖得主，即比利时理论物理学家弗朗索瓦·恩格勒和英国理论物理学家彼得·希格斯，在 20 世纪 60 年代中期，从理论上预言存在一种希格斯玻色子。然后，他们孜孜以求，期望等待着希格斯粒子登场，其目的也就是为了完善和证实粒子物理学中的"标准模型"，证实物理理论之美[41]。

物理模型之美

物理，究物之理，即探究物质起源之理，这是上天赋予物理学家的基本使命。物质到底是由什么构成的？物质的结构是否可以无限可分下去？早在公元前 4 世纪，古希腊学者德谟克利特就提出了物质由不可分的"原子"构成的观念。后来，意大利科学家阿伏伽德罗提出分子学说，英国科学家道尔顿建立原子模型。再后来，科学家又证明了原子是由质子、中子、电子组成的。除此之外，人们还听说过光子、夸克、中微子等。直到现在，被大多数物理学家认可的、最好的粒子物理理论，则是标准模型。

在标准模型中，物质的本源来自于 4 种基本力，以及 61 种粒子。尽管标准模型还谈不上是一个"统一的物理理论"，因为它无法将那个顽固的"引力"统一在它的框架中。但是，它却较为成功地统一了其他三种力，电磁力、弱力、强力，并且基本上能精确地解释与这三种力有关的所有实验事实。

标准模型认为的"基本粒子"有 61 种，其中包括 36 种夸克、12 种轻子、8 种胶子、2 种 W 粒子，另外还有 Z 粒子、光子及希格斯粒子。

希格斯粒子是"标准模型"的宠儿，是被此模型所预言的所有基本粒子中，最后一个被发现的粒子。2012 年 7 月 4 日，欧洲核子研究中心（CERN）第一次宣布，他们的大型强子对撞机（LHC）捕捉到类似希格斯玻色子的踪影。2013 年 3 月 14 日，欧洲核子研究中心发布新闻稿表示，先前探测到的新粒子被确认是希格斯玻色子，即媒体所谓的"上帝粒子"。

物理学家为什么会预言存在这样一种希格斯粒子呢？这与一个叫作"自发对称破缺"的物理术语有关。

对称破缺之美

对称是一种美。物理学家也早就注意到事物的对称性。并且，他们所建立的物理规律、各种方程，更是表现出对称的特点。也许从某种意义上可以说，物理学家们所追求和探索的物质深层的种种对称性，就是他们所欣赏且津津乐道的物理学之美。

然而，有一个如今看起来很简单的现象却曾经困惑了物理学家多年。那就是说，自然规律具有某种对称性，但服从这个规律的现实情形却不具有这种对称性。换言之，在实验中却没有观察到这种对称性，这是怎么回事呢？现在看来，这并不难理解，科学家们已经为我们理清了思路，建立了理论，这个理论就是：自发对称破缺。

可以举出很多简单的例子来说明这个专业术语。比如说，一支铅笔竖立在桌子上，它所受的力（物理定律）是四面八方都对称的，它往任何一个方向倒下的概率都相等。但是，铅笔最终只会倒向一个方向。当它朝某个方向倒下之后，就破坏了它原有的旋转对称性，而这种破坏是铅笔自身发生的，所以叫作自发对称破缺。

再表达得更清楚一些，就是说，物理规律具有某种对称性，但是，它的方程的某一个解却不一定要具有这种对称性。实际上，我们看到的世界中的一切现实情况，都只是自发对称破缺后的某种特别情形。因此，它只能反映物理规律的一个侧面。

自发对称破缺的概念，首先是在凝聚态物理中被朗道提出，之后由安德森发展而来，它是为了解释物质相变而用的。下面，我们举几个物理中对称破缺产生相变的例子。

比如液态和固态，它们的对称性，到底孰高孰低呢？对称又如何破缺而导致相变呢？首先想象一下在液态（水）中的情形：其中的水分子做着随机而无规则的布朗运动，没有固定的方向，没有固定的位置，液态的分子处于完全无序的状态，处处均匀，在任何方向，任何点看起来都是一样的！而这正是我们所谓的对称性，也就是说，液态的对称性很高。

在固态（冰）中的情形就不一样了。水分子们不再像在液体中看起来那样单调乏味，它们有次序地排列起来，形成整齐漂亮的格子或图案。当你从晶格中望过去，不同方向会有不同的风景。也就是说，固态的有序程度增加了，而对称性却降低了。

用数学的语言来描述的话，液态时，如果将空间坐标做任何平移变换，系统的性质都不会改变，表明对空间的高度对称。而当水结成冰之后，系统只在沿着某些空间方向，平移晶格常数 a 的整数倍的时候，才能保持不变。所以，物质从液态到固态，对称性减少了，破缺了。从连续的平移对称性减少成了离散的平移对称性。也就是说，晶体是液体的任意平移对称性破缺的产物。

事实上，我们能看到的真实世界的确是多次自发对称破缺后的结果，其中包括大爆炸、星团形成、生命诞生，等等。

后来，自发对称破缺的思想被嫁接到粒子物理，再应用到了标准模型中，在那儿大显身手。

标准模型建立在量子场论的基础上，量子场论的基本思想之一是认为：最基本的物理实在是一系列充满空间的场，而每一种粒子对应于一种场。

四种基本作用力，电磁力、弱力、强力和引力，则是由于与其相对应的粒子的交换而产生和传递的。比如说众所周知的，电磁力是由光子所激发和传递。

自发对称破缺也会被激发和传递。我们用一个通俗的例子来说明这点。

想象一大排竖立着的多米诺骨牌。每个骨牌面对着的情况类似于刚才所举的竖立的铅笔。

不过骨牌遵循的规律是左右对称，不像铅笔是旋转对称。

一个骨牌的物理规律是左右对称的，但倒下后的位置（向左或向右）就不对称了。并且，只要有一个骨牌随机倒下了，对称性自发破缺了，便会诱发邻近的、再邻近的……以至于很远的骨牌一个一个倒下。换言之，这种"激发"效应像一种波动一样，可以被传递到很远的地方。

"一种激发的波动"，听起来有点像我们所说的电磁场中的光子。的确如此，物理微观世界中力的作用也可以被想象成是这样传播的。

再回到骨牌的例子。如果骨牌做得比较薄，倒下去很快，它的作用传播起来也很快，很快地就传到很远的地方，像光子那样。那时我们说，传播的力是一种远距作用，传播粒子的静止质量为0。而如果骨牌比较厚，倒下去时是笨笨的慢动作，那时候，骨牌效应传播不远就被衰减而传不下去了。这种情形就对应于某种短程力，相应的传播粒子则具有一个有限的静止质量。

这些概念，如对称自发破缺、元激发等，被粒子物理学家从凝聚态物理搬来研究基本粒子和场。这些粒子和场与我们刚才所举的现实生活中的铅笔和骨牌一样，也遵循某种对称性。

不过，它们遵循的是比我们常见的对称例子更为复杂的对称性，被称为规范对称性。

在 20 世纪 60 年代初，物理学家在运用自发对称破缺理论来研究弱力、强力和电磁力统一理论的时候，碰到了一些麻烦，甚至一度似乎陷入绝境。事情是这样的：一个统一这几种力的理论应该是规范对称的，否则就会导致发散而得出不合理的荒谬结果。而规范对称的方程得出来的传递粒子只能是质量为 0 的粒子，这也意味着被传递的作用力是长程力。

这个结论对电磁力没问题，但并不符合弱力和强力的情况。弱力和强力只在极短的距离起作用，在很短的空间和时间内就衰减了，因此，传递粒子应该具有较大的质量。

困难还不仅仅如此，不但用于作用力的传递的玻色子没有质量，其他组成真实世界的费米子，诸如电子、质子等，也都没有质量。也就是说，粒子物理学家们研究了几十年的规范理论走入了困境。因为根据这个理论模型，得出了一个没有质量、与实际情况不相符合的世界。

物理学家们不愿意放弃看起来颇有希望的规范理论，而又要使某些基本粒子得到质量，为此想了许多办法。其中，希格斯机制是最简单的一种方法。这种机制在1964年被三个研究小组几乎同时提出，其中包括两位2013年诺贝尔物理学奖得主，共6位主要人物。

希格斯机制将规范场论带出了困境。希格斯机制的基本思想是假设宇宙中存在一种无处不在的希格斯场，当它与其他规范粒子相作用的时候，因希格斯场的真空态不为0而产生自发对称破缺，使规范粒子获得质量，同时产生出一个带有质量的希格斯玻色子。

希格斯机制的实质，有点像是将规范理论中所有的粒子都得不到质量这个困难，转移到一个统一的希格斯场的真空态上来统一解决。无论如何，它成功地解释了粒子惯性质量的来源。

1968年，温伯格和萨拉姆率先将希格斯机制引入格拉肖的弱电理论，用于统一弱力和电磁力的工作。他们三人因此而获得了1979年的诺贝尔物理学奖。

包括希格斯机制的弱电统一理论，还预言了弱力的传递粒子W和Z粒子，它们都是通过希格斯机制得到质量。这2个W粒子和1个Z粒子于1983年在欧洲核子研究中心被发现。

希格斯粒子本来是人为引入标准模型的，它的发现证实了标准模型基本正确，也让我们再一次见识了物理学理论之美。

将四种作用力，以及构成世界的所有基本粒子，统一到一个单一的理论框架中，一直是物理学家们追求的美梦。就连伟大的爱因斯坦，也抵挡不住"统一场论"之美的诱惑，把他后半生几十年的精力献给了这一事业。

希格斯粒子的发现，标准模型的验证，近代弦论的发展，让我们离统一场论之美景更近了一步。

科学与哲学的关系

科学之要素

科学中的错误

经典物理和哲学

复杂科学和哲学

近代物理和哲学

第七章

科学与哲学

科学与哲学的关系

————————

本书作者之一曾在场听过杨振宁先生在清华大学纪念他 80 寿辰的集会上这样说："物理学做到极致，便会诉诸于哲学。"实际上哲学不能解决任何具体的物理问题，但是不可否认两者之间的紧密关联。

科学和哲学的出发点，都是旨在探索事物的本源和规律，不过科学研究的对象限于自然、物质及其运动规律；而哲学研究的对象更加宽泛，或者更加基本。因此，科学问题总是包含哲学问题的，在科学诞生之初就是如此。科学始于物理学，物理（physics）一词源于拉丁文的"Neuter plural"，希腊文的 ta physica，即自然界（"the natural things"，也是亚里士多德关于自然的论文标题）。从 1715 年，physics 被赋予"对物质和能量之科学研究"的具体含义。最早时候，古希腊时代，科学和哲学本来就是不分的，一直到牛顿时代，科学还被称为"自然哲学"，牛顿的书名《自然哲学的数学原理》，讲的就是物理学。美国哲学家梯利所著《西方哲学史》[44]以客观翔实著称，他明确指出："希腊哲学从探究客观世界的本质开始。它最初主要是对外在的自然感兴趣（自然哲学），只是逐渐地转向内部，转向人类本身而带有人文主义性质。"希腊哲学的代表人物亚里士多德把研究事物根本的或原初的原因的科学或哲学，称为形而上学（metaphysics）。形而上学研究"本然"的存在，例如各种科学研究存在的某些部分或方面，研究物质和运动。这已经和现代社会对科学的认识如出一辙。

英国著名哲学家罗素[43]则认为："哲学是介于神学与科学之间的东西。"他心目中的哲学"与科学也有共同之处，那就是理性地看待事物，而不是一切都遵循权威，不管是哪种权威"。这种对科学和哲学的认识至今仍然发人深省。

哲学与科学，在古代几乎不分，在现代则渐行渐远。近一百多年来，科学迅猛发展，特别是物理学中相对论和量子力学建立带来的革命，给予现代科学以及人们的哲学观极大的冲击。尽管科学中不乏各种哲学观点，但大多数科学家对哲学持一种傲慢态度，尤其是现代科学家，不怎么看得起哲学这门学科，有些学者甚至简单地摒弃一切哲学思考。

不过，爱因斯坦是一个例外，他十分重视哲学对科学的作用，1944年他在写给朋友的信中说："科学的方法论、科学史和科学的哲学思维都是极具意义和教育价值的。"

梯利的《西方哲学史》把哲学划分为"希腊哲学""中古哲学"（直至文艺复兴和宗教改革）和"近代哲学"（从英国经验主义直至20世纪初的实用主义和分析哲学）。早期科学可以说深受希腊哲学的影响，但是更贴切地说，是在近代哲学的摇篮里诞生的。现代自然科学的开创者伽利略与英国经验主义的鼻祖弗朗西斯·培根（1561~1626）完全是同一代人，而经典物理的集大成者牛顿则诞生于培根逝世之后不久。培根是一位伟大的思想家、唯物主义哲学家，是英国文艺复兴时期的散文作家、哲学家，实验科学、近代归纳法创始人。他提倡独立思考，以自然科学为基础，以归纳法为方法，最后以发明技术为目标。培根的科学思想非常具有启发性和前瞻性，他强调在自然科学中观察的重要性，而且还指出了数学对于科学的本质意义。我们显然可以在伽利略和牛顿身上看到培根思想的影子。

牛顿的同时代人、微积分的另一位发明者莱布尼茨（1646~1716）出生于德国莱比锡，毕业于阿尔特道夫大学，是德国数学家和哲学家。莱布尼茨从哲学的角度，对物理学做了许多深刻的探讨。他认为物体本质的属性是力，以动态或能量的观点取代了几何学或静态的自然观。尤其令人惊叹的是，莱布尼茨认为"众力和谐共存，乃有空间，因而空间不是绝对存在的……空间是相对于事物的，将随事物而消失"。

18世纪法国唯物主义兴起，继承了培根的经验主义思想。它的代表人物德尼·狄德罗（1713~1784）是彻底的无神论者，是18世纪法国唯物主义哲学家、美学家、文学家，百科全书派代表人物，第一部法国《百科全书》主编。他高度赞赏建立在牛顿物理学基础上的宇宙观，但他认为宇宙是物质的、自然的，是一个相互联系的整体，而无需牛顿所设想的第一推动者。狄德罗强调自然界的联系和统一性，他说："在自然界中，在实验物理学更加进步时，我们也将遇到一些现象，不论是关于重力的，弹力的，引力的，磁的，或电的，都只是同一作用的不同面貌。"这难道不让我们立即想到现代物理学的统一场论吗？

关于自然界的统一性，18世纪法国唯物主义另一位代表人物、谙熟解剖学的拉美特利医生写过一本著名的《人是机器》，指出人和动植物在结构和功能上都是属于整个分为等级的系列的存在物；人不是上帝创造的，而是演化而来的，是物质存在的一种形态。人的心灵也是建立在物质的基础之上的，是通过大脑而有所感受的。

这些唯物主义的思想，无疑有助于推动实证科学研究的发展。但囿于历史的局限，18世纪法国唯物主义也有机械论的缺陷。像拉美特利就过于推崇经验、重视感觉，而忽视了理性的作用。现代物理学家，例如爱因斯坦，就突破了这种局限。爱因斯坦在关注经验的同时，也非常重视理性的价值。他相信直觉和灵感，更诉诸大胆的思辨，从而成就了伟大的科学发现。

概而言之，科学与哲学的关系不外乎两个方面：

一、从哲学的角度，研究科学和科学家；

二、从科学的角度，发现和使用哲学概念。

本章的后面五节中，前两节属于第一个方面，后三节属于第二个方面。

科学之要素

我们经常使用"科学"这个词，但未必见得知道如何定义它。事实上科学很难被确切地定义。如果要从哲学的角度研究科学和科学家，首先便应该给出一些区分科学和非科学的界限。

什么是科学？如何才能判定一个知识范畴是否"科学"呢？

科学的英语单词，来源于拉丁文的 scio，其本义是"知识""学问"。中文的"科学"一词，则是借鉴日本著名科学启蒙大师福泽瑜吉对英文 science 的翻译。在中文的语义中，科学一词既可用作名词，表示反映客观世界规律的学说理论，又能作为形容词，表示以探索客观规律为目的的手段方法。

总结科学之要素，笔者认为有四个不可或缺的主要特征：可质疑性（questionable）、量化（quantitative）、普适性（universal）、证伪（falsifiable）及证实。以下分别就此科学之四大要素予以说明。

质疑

质疑是科学的第一要素，它使科学有别于宗教和哲学。古人曰："学贵知疑，小疑则小进，大疑则大进。"不质疑，就不成其为科学。

现代科学起源于古希腊，尽管当时的人并不需要分清楚所谓"科学、宗教和哲学"三者之间的明显界限，但因为哲学概念艰涩不实用，科学领域观测证据不足，三者中宗教的势力最为强大。正如英国著名哲学家伯特兰·罗素所评述的：科学诉之于理性，神学诉之于权威，哲学则介于两者之间。罗素对哲学评价的意思是说：哲学如科学般强调理性，但又如神学那样反映了人类对不确切事物的思考。

正因为在科学发展的早期，三者界限不清楚，许多科学家同时也是哲学家和虔诚的教徒，他们除了孜孜不倦地进行科学探索之外，在思想和精神方面则往往游走徘徊于三者之间。这方面不乏先例，最为典型的是几位天文学家或物理学家：哥白尼、布鲁诺、伽利略、开普勒等。

宗教，比如基督教，将上帝和《圣经》作为最高权威，它不允许质疑，只能无条件接受。这与科学研究的方法是不相容的。当今社会的宗教和科学还算可以和平共处互不干涉，但在几千年的历史长河中，两者时不时地总要互相碰撞产生冲突，因为宗教总是企图扮演自然的解释者的角色，而它的解释不是依靠质疑和实验探索得到，而是从上到下靠权威来维系。

哥白尼的日心说将宇宙的中心从地球移到了太阳，对当时宗教神学的理论基础——地心说，提出了质疑。之后又有布鲁诺、开普勒、伽利略，步其后尘而质疑地心说。

高举质疑大旗的另一位代表人物是法国著名哲学家勒内·笛卡儿。

笛卡儿是西方现代哲学的奠基人，对科学亦有贡献。他发明了广泛应用于数学和物理的解析几何，认为一切感官获取的知识都是可以怀疑的，唯有怀疑本身不可怀疑。也就是说，人的理性思维是不同于感性经验的唯一确定的存在，因而无可怀疑，即"我思故我在"。这句话直译的意思是"若我思，则我是"。如果将"是"理解为"存在"的话，此言意味着：存在是思考的必要条件，而思考是存在的充分条件。笛卡儿提倡"普遍怀疑"，"思"便意味着怀疑。笛卡儿认为肉体的感官是相当不可靠的，必须依靠精神与思维。然而，因为周遭的事物无一不是由感官而知的，当然也令人怀疑它们是否真实。不过，有一个事实却是千真万确的，那就是：我怀疑，我才存在。这又可归结为：我思故我在。

笛卡儿本人声称他是虔诚的天主教徒，但他曾被指控宣扬秘密的自然神论和无神论信仰，与其同时代的科学家布莱兹·帕斯卡尔也指责笛卡儿"总想撇开上帝！"。不过，笛卡儿怀疑一切，难道就没有怀疑过上帝的存在吗？应该是有所怀疑的，否则怎么会在其《第一哲学沉思集》中给出大量篇幅来证明上帝的存在呢。笛卡儿证明的思路可简述如下：上帝是完满的；完满性包括存在性，否则就不完满了；因此，完满的上帝一定存在；证毕。笔者不懂这种哲学思辨式的形式证明，难以判定正确与否，但从笛卡儿的整体哲学思想，可以感觉到笛卡儿的上帝已经不是原来神学意义上存在的上帝，而是存在于我们思维中的一个完满的观念，即一个理性主义的上帝。那么我们可以再推论下去，既然这个上帝只存在于我们的思维中，那么是否可以说，对其相信与否只是某种个人的信仰？因此，笛卡儿证明了存在的那个上帝，与科学研究活动是无关的。

笛卡儿的"怀疑论"，从理论上肯定了"质疑"是科学研究中的基本精神。之后，随着科学的迅速发展壮大，神学的地盘逐渐缩小，科学和宗教开始分道扬镳，而哲学呢，仍然徘徊于两者之间，有时候左碰右撞出一点火花，大多数时候与两边都相安无事，成为两者间的桥梁。

所谓"质疑"，不是全盘否定，但也不是初学者尚未明白就里时想澄清的几点"疑问"。它应该是质疑者经过一定思考后，指出的他认为理论中可能存在的某种错误。因为质疑者开始时仅从他自己的角度出发，固然不一定正确。科学中的质疑，意味着以怀疑的眼光看待任何实验事实和理论，搞科学研究要带着一个怀疑的头脑，不可先入为主地相信书本和权威。"科学"并不等于"正确"，而是意味着可以质疑，这正是科学的精髓所在。

对任何科研成果都应该允许质疑，并且还应该鼓励质疑，这样才能促使科学家纠正错误、吸取教训，促进科学的进一步发展。但是，要提倡用科学的态度来质疑科学成果。如果自己就是一名科学工作者的话，便应该尽可能以科学规范的方式，即发表研究论文或参加研讨会等来表达观点。质疑某一个科学理论，应该是对事不对人的，千万不能把科学质疑当成拉帮结派。即使对学术问题有相互不同的观点，但仍然可以是朋友，科学之"道"不同，但仍可"相为谋"。

"质疑"的方法应该是科学的分析和论证，不应该是一句自己随便下的"结论"。

质疑是科学的基本精神之一，许多学科都存在"主流派"和其他一些非主流的观点，一般而言，主流派的观点比较统一，但非主流派大多数各有一套，它们都是该科学理论的组成部分。既不可认为主流观点就一定正确，也不可以为非主流的才有质疑精神，而主流科学家们都是固步自封、墨守成规的保守派。实际上，只要是采用符合正常学术规范的方式，各方的观点均应被认为是科学的，各派的理论在不断的切磋磨砺及实验事实的检验中成长，摒弃错误改进模型，方能促进科学之不断发展。

质疑科学理论，本质上也就是不断地在脑海中首先向自己提问题和解决问题。质疑的精髓并非随意向别人提问，而首先是表现为独立思考的能力和不断自我解决疑问的执着精神。因此，质疑他人科学成果的同时，也要质疑自己。怀疑一切，也包括"怀疑"自己原来所下的结论。要善于改正错误，接受反对者的观点，这才是科学的态度。真理需要艰苦的学术研究来证实，不需要以四处发文发邮件扩大影响来争个"输赢"。我们每个人都要准备好根据科学探索中的新发现来修正、更新自己的观点和立场，这不叫见风转舵，也不是人云亦云，而是反映了一个人的科学素养。

一般民众也可以质疑科学成果，但现在科学分类太细，"闻道有先后，术业有专攻"，不要说非专业人士，即使是某个领域的专家也不可能对那个领域的所有知识全懂。况且，如今的科学技术与古希腊时代或牛顿时代，都不可同日而语，理论需要高深的数学，实验需要精密的仪器。因此，外行质疑内行是不容易的。首先需要了解学习一些那个领域的基本概念，才能做出中肯的判断，给出有分量的质疑。质疑没错，但是科学界主流认可某个理论，一定有他们的道理，质疑之人首先不要抱着排斥的心理，要先理解，再怀疑。

真正要质疑，仅仅靠读点科普读物是不够的。比如说，通过完全没有数学描述的科普书学来的东西，不可能使你达到足以质疑广义相对论和现代物理宇宙学的程度。如今研究理论物理缺少不了的数学，质疑者也需略知一二。现在犯此类错误的质疑者不少，知道一点皮毛就想着"造反"。没有严格的论证，仅仅凭直觉和他们认定的逻辑就下一句空洞的结论。这种自己随便下的"结论"，并不能算是真正的质疑。

量化

科学的第二要素是量化。所谓科学的量化实质上就是科学之数学化。数学本身算不算科学呢？一般认为数学是形式科学，与其他描述自然规律的"现代自然科学"有所不同，因为数学建立在公理和逻辑的基础上，而现代自然科学是建立在实验的基础上。

最终孕育了现代科学的，是古希腊文化，而其他（包括中国）文化中的科学成分却走向了衰落和中断，这其中的缘由是多种多样的，有偶然也有必然。在1953年，有人拿这个问题去问爱因斯坦，得到的答复中的一段话令人深思，爱因斯坦说：

> 西方科学的发展有两个基础：希腊哲学家发明的形式逻辑体系（如欧几里得几何）和文艺复兴时期发现通过系统实验找出因果关系的方法。

简而言之，爱因斯坦是说，科学发源于古希腊文化，是基于两个必要条件：数学体系，系统实验。其中的数学体系，是使得科学量化的基础。

早期的数学在本质上更像是一种"语言"。语言，广义而言，是用于沟通的方式。在人类知识发展的历史中，首先被创造出来的是（地方）语言，然后是地方文字，据说最古老的文字出于公元前3500年的埃及，稍后便有了（具有语言特征的）数字。沟通是语言的目的，人们为了沟通，使用语言来对所见所闻进行描绘，其中也包括对事物的数量、结构、变化、形态以及空间关系等概念的描绘，进行这类描绘的语言就是数学。普通自然语言使用的符号被称为文字，处理文字的规则称为文法。数学也使用符号来对自然规律进行研究，数学符号往往表示具体事物的抽象，数学便是通过这种抽象化和逻辑推理的使用，来描述数量或结构间的规律。然后，再通过"语言、文字和数学"，人类才得以记载流传下来如今我们称之为"科学"的东西，例如古希腊科学。

中国古代也曾经有过类似于古希腊那样的一段思想活跃的科学萌芽阶段，在《墨子》一书中有所记载。墨子是公元前400年左右的人，比古希腊时代稍后。《墨子》一书由墨子的弟子们记录、整理、编纂而成，其中对光学、力学方面的物理概念有所阐述。

因此，中国古代并不是没有数学，而是没有基于精密思维的形式逻辑体系。中国人脑袋中也不乏解决具体数学问题的小技巧，但却缺乏大范围的数学思想。现在来究其原因的话，应该和儒家代表的中国文化传统以及教育方式有关。

爱因斯坦的说法固然也包含了对科学离不开数学思想的肯定，因此，科学必须量化。数学不仅仅是作为科学的语言和工具，更为重要的是它给予了科学精密严格的"逻辑思想"。我们也应该在这个逻辑思考的意义上来讨论科学的"量化"。

普适

科学需要具有普适性，只是适用于一两个个例的模型，不能算是科学。例如某一种药物，治好了几个病人，尚且不能说通过了科学的检验。而是需要做动物实验、人体临床试验等，然后对药物或其他医学治疗在受试者身上进行比较测试，才能确定进一步的推广和使用。

人们经常用"放之四海而皆准"来夸张地形容某个理论的普适性。实际上不可能有"放之四海而皆准"的科学理论，但一个理论总得尽可能地涵盖更为广泛的范围，才是好的科学理论。

证实和证伪

除了作为形式科学的数学之外，科学是需要被观测和实验证实的。证实这个词经常被科学家使用，"牛顿第二定律被大量实验证实""吸烟导致癌症被动物实验证实""美国宇航局证实火星上存在水"……

相对于一个命题（简单地说，命题就是一个结论）而言，被证实的意思就是说这个命题被证明为"真"。那么，如果有事实证明这个命题为"假"的话，就叫作被"证伪"了。

作为评判"是否科学"的简单标准，奥地利哲学家卡尔·波普尔

（1902~1994）提出"可证伪性"的观念，爱因斯坦物理上的卓越成就以及独特的哲学思维，深深地影响了卡尔·波普尔这位哲学家。少年时代的波普尔见识了物理学中的革命，但却有诸多疑问存留于心：以牛顿力学和电磁理论构成的经典物理大厦，原本看起来基础牢固、宏伟壮观，怎么突然就被爱因斯坦的相对论动摇了呢？爱丁顿的日全食实验为什么能验证广义相对论？科学理论是什么？应该如何来检验它？科学和非科学的界限到底在哪里？

何谓证伪？

波普尔的所谓"证伪"，是相对于"证实"而言。比如说，命题"所有的乌鸦都是黑的"，看见黑乌鸦的人便证实了这个结论；如果有人发现一只其他颜色（非黑色）的乌鸦，这个命题就被证伪了。

科学界一般常提证实，不常谈证伪。在科学发展的过程中往往会提出某个假说。一个假说，也就是一个结论，一个命题。假说不是凭空产生出来的臆想，而是根据已有的一些实验事实和现有的理论而提出来的"最佳模型"。我们常说"实践是检验真理的唯一标准"，假说需要被实验验证，也就是证实。可以说，提出假说的目的就是期望被证实，最后成为离真理越来越近的科学理论。一旦假说被证伪，那就说明这个假说是错误的，应该摒弃。

证实或证伪均是针对一个命题（或陈述）而言，逻辑学中的命题可以分为不同类别，如果按照包含元素的范围来分类，有全称命题和单称命题。前者包含的事实（元素）是无限的，对时间空间是普适的；后者所包含的事实（元素）是有限的，是特指的，是在特定的"时、空范围"及"层次范围"内发生的。例如："所有天鹅都是白色的""所有的人都会死""所有的金属都导电"是全称命题；"这只天鹅是灰色的""霍金 2018 年去世了"等，则是单称命题。

逻辑思维方式也有两大类：归纳逻辑和演绎逻辑。

归纳逻辑：指从特殊到一般，从具体事实到抽象"概念"。试图由单称命题为真，推论到全称命题也为"真"。通俗地说，是指以一系列经验事物为依据，寻找出规律，并假设同类事物中的其他事物也服从这些规律。我们所熟知的经验科学的基本方法，就是反复运用"观察——归纳——证实"的方法，或称为"实证机制"。

演绎逻辑：从一般到特殊的必然性逻辑推理。从抽象概念到具体"事实"。由全称命题推论到单称命题。演绎适用于数学、逻辑等抽象科学，是一种"试错机制"。通过"问题——猜想——反驳"的循环过程来"证实或证伪"。

人类的认识活动，总是先接触个别事物，而后再推及一般。有了一般规律后，又可以从一般推及个别，如此归纳和演绎往复循环，使认识不断深化，进一步形成理论。

卡尔·波普尔的哲学

既然科学假说提出后，希望能被实验和观测一步一步地证实，那就慢慢等待证实好了，这位波普尔哲学家又为什么要绞尽脑汁地想出一个"可证伪"的判断标准呢？

原因在于，当年的波普尔在研究物理学中的若干命题时发现，"证实"和"证伪"并不是对称的，看看那个"所有的天鹅都是白色的"例子就明白了：要最后证实这个结论，你需要将全世界全宇宙的"天鹅"都考察一遍，但那是不可能的。而要证伪这个结论就简单多了，你只需要抓住一只不是白色的天鹅就可以了。

再深入思考下去将发现，"证实"和"证伪"之不对称是源于刚才所介绍的命题的分类性质。比如天鹅例子中的那个命题是个"全称命题"，因为它陈述的对象是"所有的"天鹅，这样才造成了：证实需要考察无穷多的天鹅，而证伪只需找出一个反例即可。

考虑有关天鹅的另一个命题"存在不是白色的天鹅"。这个命题要被证实就比较简单：找到一只非白色的天鹅就行。而要证伪则比较困难，理论上有可能需要考察无数多的天鹅。与原来命题不同的是，这不是一个全称命题，而是一个存在命题，因而证实与证伪的角色也就有所不同了。

波普尔所说的"理论不能被证实，但能被证伪"，是指"全称命题"，而"单称命题"是既可被证实，又可被证伪的！

关键问题是，波普尔认为科学假说大多数是全称命题，因为科学的目的就是要探索自然界的规律，所谓规律，肯定不只覆盖一个小小的领域，而是能包容的范围越大越好，越广泛才越有用，巴不得能够"放之四海而皆准"。比如说，牛顿的"万有引力"定律，指的是"任何两个质量之间"都存在吸引力，并且遵循同样的公式，而不是仅仅地球和月亮之间才有这么个力。

因此，波普尔认为，可以用"可证伪性"来分界科学和非科学。而过去人们采取的使用归纳法来证实和判定科学结论是不可靠的。

然而，人类的认识活动，总是从归纳个别现象开始，然后得到一般规律。由此出发而有了科学家们经常使用的"证实原则"，即认为一个命题的意义在于它能被经验所检验。但如上所述，因为科学理论追求普适性，多数为全称命题，所以波普尔认为，可证实性是不现实的，个别经验不可能推广到无穷，过去的有限实证也不可能无限地推广到未来。因此，科学和非科学应该用证伪的原则来分界，因为个别的事例无论有多少，也证实不了一个全称判断，而"一个反例可以反驳一条定律"。

在波普尔看来，科学不是什么"真理"，而只是一种不断被证实，也有可能被证伪的猜测和假说。可证伪，是所谓科学猜想与非科学陈述之根本区别。

"可证伪"和"被证伪"

波普尔提出的"可证伪"，是说一个科学理论要有被否定的可能性。科学理论是人们从自然得到的知识的积累和升华，是人性的，因而是可错的。一个理论系统只有做出可能与观察相冲突的论断才可以看作是科学的。

必须注意某些词语用法上的区别。波普尔科学哲学观中的界限是"可证伪"，不同于"被证伪"。如果一个科学假说被证伪了，这个理论就需要被修改或被摒弃，并不一定意味着旧理论的全面崩塌。

波普尔认为科学中的假说多为全称命题，可以被证伪，逻辑上说，只要观测到一个反例就可否定它。比如说狭义相对论是可证伪的，因为它建立在光速不变的假设的基础上，只要能确定地测量到真空中光速不是那个数值，便被证伪了。

波普尔将"可证伪"作为科学与非科学的分界线，实际上应该是将目前的自然科学与其他分开来。然而，"科学"未必就高尚，非科学也绝不意味着就不重要。并且，每一门学科都在不停地发展和变化中，每一门学科都有可能走上"科学"之路。

那么，不可证伪的例子有哪些呢?

数学不能证伪。认识论所涉及的证实或证伪是针对人类认识周围物质世界的过程，而数学是逻辑自洽、自成体系的，不需要"周围物质世界"来证明它的真实与否。也就是说，数学建立在无需证实的公理的基础上，因而也无法证伪，在这个意义上，数学不是科学。

有一种命题是不可证伪的，比如说，命题"明天可能下雨可能不下雨"，它把所有可能性都包括了，这种命题永远正确，当然不能被证伪。

没有清楚地量化的命题也可能无法被证伪。有人观察犹太人，得出一个结论"犹太人鼻子大"。这个命题既无法被证实，也不能被证伪，因为它对"大"没有明确的量化标准，鼻子多大才算大呢，无法证实或证伪。另一个例子：算命先生给你的都是一些正反都通、模棱两可的话语，所谓信之则灵，自然也不可证伪。

此外，有关某物存在的命题难以被证伪。比如说"地外生命存在""磁单极子存在"这一类的命题，不能被证伪，但可以被证实。同样的道理，"上帝存在"的命题也不可被证伪，无限的宇宙无限的时间范围，你怎么知道上帝不存在呢？总有存在的可能性。"上帝存在"之命题，既不可被证伪，也不可被证实，因为"上帝"并无明确的定义。

因此，宗教无法被证伪，不同于科学。但宗教在社会和人类文明发展中自有其地位，没有什么必要一定要挤到科学的范畴中来。

非科学和伪科学是不同的概念。也许可以将伪科学定义为自己标榜为科学的非科学。

证实仍然需要

虽然波普尔强调应该用"可证伪"来界定科学与非科学，但也并不否认证实的重要性。证实和证伪是对立统一的两面，一个理论被证实的次数越多，它被证伪的概率就越小。因此，"证伪"并不能取代"证实"。

此外，证伪主义本身也存在很多问题。对全称命题来说，证伪主义在逻辑上更为合理，但现实不等于逻辑，实际上，证伪之证据是在当时的技术条件下，由观察和实验提供的，具有个别性。证伪的实验可能有错，这种情况在历史上也屡见不鲜，并且推动了科学的不断发展。世界是复杂的，科学是复杂的，一句"可证伪性"，可以为科学判断提供参考，但我们在具体应用时，不要把它当成教条。

波普尔考虑"证实证伪"，最开始是针对现代科学的逻辑实证主义，或称为科学经验主义。那是在20世纪20年代后期，奥地利一群哲学家、科学家和数学家组成的维也纳学派发展出来的。他们企图发展形式逻辑，建立对经验科学及其方法的更深刻认识。

波普尔使用的"证伪理论"这个武器，并不如他所想象的那么锐利。因为实际上的科学命题并不一定是全称命题，任何理论都有一定的适用范围和局限性，即使是将自然规律写成了看起来能无限延伸的全称命题形式，也并非真正全称的。事实上，单一的可证实性和可证伪性只能作为特例来看待。一般而言，科学理论，既不能通过某个或某些基本命题得到证实，也不能被它们所证伪。因而，证实仍然重要。

科学中的错误

————

　　科学家们经常犯错误，这并不奇怪。人们从错误中看到真理，从危机中寻找契机，从失败中吸取教训，因此可以说，错误是科学探索过程中必不可少的一部分。

　　爱因斯坦在人类文明史上是一个神一样的存在。他天才、睿智、高尚、正直，他突破了人类对质能和时空认识的桎梏，为物理学打开了全新的境界。他是公认的最伟大的思想家之一。然而，爱因斯坦也会犯错误吗？

　　爱因斯坦是人不是神，人都会犯错误，爱因斯坦当然也会犯错误。不过十分有趣的是，本节所探讨的爱因斯坦的几个错误，都在历史上推动了科学的发展。因此，我们下面从哲学的角度研究一下，爱因斯坦为什么会犯错误？他的错误又为何能推动科学进步？

　　2020年5月，法国巴黎大学物理系荣休教授、粒子物理学研究员、中微子专家弗朗索瓦·范努奇发表了一篇题为《爱因斯坦的两个错误》的文章，点明爱因斯坦的两个错误：

广义相对论

　　爱因斯坦关于宇宙演化的方程中加进了一个"宇宙常数"以"冻结"宇宙，以满足"静态宇宙"的要求。但由此被"引入歧途"，因为1929

年哈勃用观察证明了宇宙是在不断地膨胀。之后，对超新星的观测数据又证明了宇宙在加速膨胀。

爱因斯坦最初的方程的解给出的宇宙是不稳定的，并不是自古以来人们所以为的一个体积不变的大球，上面镶嵌着众多星球。范努奇特别揭示了一个鲜为人知的历史奇迹：实际上早在公元1054年（宋朝），中国天文学家就观测到了天空中奇异的光芒，它不舍昼夜地放光，延续长达数周之久。这正是后来被认知的所谓"超新星"，是一种在衰亡中的星球，它的灰烬至今仍然残留在环状星云中。遗憾的是，11世纪当时的欧洲人却对此毫无记录，而超新星又非常罕见，肉眼可观测的大概一个世纪才有一次。因此爱因斯坦引入了宇宙常数来得到方程的稳定解，后来得知宇宙膨胀的事实后，又要"撤回"宇宙常数。

量子随机性

量子力学几乎是与相对论同时诞生的。量子力学处理的是非常微观的对象，在这里经典力学已经无能为力。爱因斯坦本人对量子力学的早期发展做出过重大的贡献，是他用光量子的理论完美解释了光从金属中打出电子的光电效应，并因此（而不是由于更负盛名却存在争议的相对论）而获得1921年诺贝尔物理学奖。

然而在量子力学发展史上同样广为人知的是爱因斯坦拒绝接受量子力学的基本概念，即波函数的概率解释。这种随机性也并非纯粹的噪音，而是服从海森堡的测不准关系，并为电子的双缝衍射实验毫无悬念地证实。爱因斯坦反对这种概率学说，他坚持决定论的认识论，认为"上帝是不会掷骰子的"。著名的爱因斯坦—玻尔之争延续了近半个世纪。玻尔代表哥本哈根学派的非决定论解释，而爱因斯坦则支持玻姆关于存在着一个在质量、电荷和自旋之外的隐变量的理论，还提出了著名的 EPR 悖论，后来贝尔提出贝尔不等式，又企图由实验来判定量子力学是服从决定论还是非决定论。遗憾的是，实验无可争辩地证明了非决定论的胜利，也就是从物理学（也从哲学认识论）的角度判定了：人们确实无法像在经典力学中一样，同时确定微观粒子的所有参量。

其实关于爱因斯坦的错误，一些大物理学家早有更深刻的辨析。诺贝尔物理学奖获得者史蒂文·温伯格专门以此为题做了非常物理的解读。他一方面认为在 1917 年人类认识的水平上，爱因斯坦把宇宙当成静态的是完全合理的，另一方面也指出，爱因斯坦在引进宇宙常数时确实犯了一个简单得令人吃惊的错误：尽管这样可以使爱因斯坦场方程有与时间无关的解，但那个解描述的是一个不稳定平衡态，因而一点轻微的膨胀就会增加排斥力而减少吸引力，从而加速膨胀。这与爱因斯坦假定的静止宇宙的初衷是相悖的。更具有戏剧性的是，1998 年对超新星红移及距离的测定表明：宇宙的膨胀的确正在加速，并提出约有 70% 的能量密度是某种充斥于全空间的"暗能量"。而在宇宙膨胀时，暗能量的密度似乎与时间无关，那么它就正好是宇宙常数所预期的效应。也就是说，爱因斯坦以为加错了的宇宙常数，其实暗示了暗能量的存在。所以温伯格戏言：就其 1917 年引进宇宙常数一事而言，爱因斯坦的真正错误是他以为那是一个错误。

关于量子力学概率性的解释也充满戏剧性。最新的研究成果表明，玻尔和爱因斯坦似乎都没有抓住量子力学的真正关键。尽管哥本哈根学派的概率解释符合实验事实，但薛定谔方程本身实际上是决定论的，波函数的解是确定的。因此如何解释从这个决定论性质的方程，运用到观测者及其仪器上所得到的非决定论的概率解的过渡？严格地说，应当承认量子力学既是非决定论的，同时也是决定论性的，或者更确切地说，它融合了决定论性的动力学与概率性的诠释。所以爱因斯坦也并非全无道理。

温伯格的文章发表在十年以前，而范努奇的文章是非常新近的。那么范努奇的文章有何新意呢？可以说，范努奇的文章从哲学上分析了爱因斯坦犯错误的原因。关于静态宇宙的观念，就来自于统治了西方思想家两千年的古希腊哲学家亚里士多德。范努奇指出，科学研究基于人们对观察的自然界的实在，予以数学的表述。如果此后理论和实验的所有推衍都是正确无误的，那么这项研究的成果就成立。但人们在认识新事物时，往往会受到先入为主的观念甚至偏见的影响，即使最伟大的科学家也在所难免。而温伯格则从美学的角度，认为爱因斯坦在发展广义相对论引力与惯性等效原理的方程式时不合理地摈除高阶导数项，是出于美学上简单即美的观念。而实际上宇宙常数是需要高阶导数项的。

爱因斯坦关于量子力学观念的固执，也深受古希腊哲学的影响。柏拉图认为，人的思想应当是完美的，不受偶然性的干扰。这看来崇高的理念，实际上违背了科学的信条。爱因斯坦本人则笃信，纯粹的思维应该能够完全充分地掌握实在，而量子力学的随机性显然与此相冲突。在双缝衍射的量子力学诠释中，我们无法预知某一单个粒子的轨迹，但是由无数粒子形成的衍射图形是量子力学可以准确地计算出来的。遗憾的是，爱因斯坦并不满足于此。

爱因斯坦相信："想象比知识更加重要。"想象源自直觉，使思维越过常理而发生跃变。但天才的直觉并不会平均地眷顾每一个人。范努奇借随机性来描述天才直觉的发生，感叹爱因斯坦这样得天独厚的天才，却有着坚决反对随机性的执着。

爱因斯坦的"错误"，无论是宇宙常数的反反复复，还是玻尔—爱因斯坦之争，客观上都极大地推动了相对论和量子力学这两门科学理论的进展。思想的火花迸放出灿烂的光焰，智慧的碰撞产生了更高的智慧。质疑，才启发深刻；争论，才得出真知。无论正方、反方，在这当中都有独特的贡献。"独立之精神，自由之思想"在这里大放光彩。不仅科学如此，任何意识形态领域其实都该如此。

伟大的科学家、思想家，如爱因斯坦，竟然也会犯错误，这或许可以给我们这些凡夫俗子一丝安慰。但更重要的是了解犯错误的原因，从哲学上寻找根据，从而使自己上升到一个新的思想境。人为什么会犯错误，是一个非常值得探讨的问题。爱因斯坦的思想导师恩斯特·马赫（1838~1916）恰恰写过一本著名的《认识与谬误》，让我们在今后尝试去理解与辨析。

复杂性科学和哲学

　　有人将混沌理论誉为继量子力学和相对论之后物理学理论中的又一次革命。相对论革命质疑绝对时空观；量子力学质疑微观世界的因果性；混沌理论质疑的是，牛顿和拉普拉斯的决定论。

　　对混沌理论的研究导致了"复杂性科学"的兴起。复杂性科学是专门用来研究复杂系统的，它可以说是科学界对某些共同的哲学问题思考后集大成而产生的交叉学科。其研究方向大概包括了如下几个方面：混沌、层展论、非平衡态统计、自组织现象、计算机原胞理论等。

层展论和还原论

　　美国物理学家菲利普·安德森是凝聚态物理学的开创者，除了对物理本身的杰出贡献之外，1972 年，安德森在《科学》杂志上发表的著名的《多则异也》的论文，针对还原论，提出各种不同物质层次形成不同分支的层展论，被认为是凝聚态物理的独立宣言，表达了安德森对人类科学方法的挑战和超越，表达他对这个世界运行规律的深刻思考。

　　传统的科研方法，在哲学思想上是以还原论为主，认为复杂系统总是可以化解为部分之组合，然后，复杂体系的行为可以用其部分之行为来加以理解和描述。安德森则提出不一样的哲学观点，认为多了必然不同，还原并不能重构宇宙，部分之行为不能完全解释整体之行为！高层次物质的规律不是低层次规律的应用，并不是只有底层基本规律是基本的，每个层次皆要求全新的基本概念的构架，都有那一个层次的基础原理。也就是说，安德森教给我们认识这个世界的不同于还原论的另一种视角，即"层展论"（或称整体论）的观点。层展论既不属于还原论，也不反对还原论，而是与还原论互补，进而构成更为完整的哲学思想和科学方法。

根据安德森的思想，科学就应该被分成各种尺度上的层展现象。这种层展思想不仅仅影响了物理界，也被扩展到整个科学界以及其他社会科学和人文研究领域，直接推动了所谓"复杂性科学"的建立和发展。

例如，在安德森层展论思想的指导下，凝聚态物理成为当今物理中最大、最重要、最活跃的分支学科。其研究层次，从宏观、介观到微观；物质维数从三维到低维和分数维；结构从周期到非周期和准周期，从完整到不完整和近完整；外界环境从常规条件到极端条件和多种极端条件交叉作用；等等，并且，在诸如半导体、磁学、超导体等许多学科领域中的重大成就已在当代高新科学技术领域中起关键性作用。

自组织和耗散理论

很多物理现象是不可逆的，例如，冰块加热后融化了，不可能自动地再从热水中结晶出来；生米煮成了熟饭，不能再变成米；已经死去了的生物体不可能突然再活过来。这说明：时间是有方向的，时光不会倒流！热力学中有一条"熵增加原理"，就反映了这个事实。熵增加，意味着事物从有序到无序、高级到低级的变化。

然而，从生物进化的过程来看，又都是反过来的。地球上生命的发展过程，是一步一步、一代一代，从简单到复杂的。许多亿年过去了，这个世界，从无序中产生了有序，产生了生命，又从低级生命进化到高级生命，从微生物进化到高等动物，以致进化产生人类！有人可能会问："在这个漫长的低级向高级的进化过程中，热力学中的熵，是增加了还是减少了呢？"

需要强调的是，熵增加原理只能应用于封闭系统。而整个宇宙，这个大千世界中的万事万物，并不总是能简单地看成封闭系统。总之，热力学第二定律所表明的演化方向，与达尔文生物演化论所言的演化方向相反，生物学与理论物理之间存在着巨大的鸿沟。热力学第二定律只能被用于封闭系统，而不应该被无限扩展应用到诸如生物体这样的开放系统。但是，从封闭系统的熵增加，如何变成了开放系统的熵减少？怎样才能将这两种理论所产生的"演化悖论"协调和统一起来呢？山石风化、墨水扩散，的确是我们常见的现象；种子发芽、婴儿诞生，也是我们熟知的生活常识；如何建立一个纽带，才能将物理学的演化理论与生物学的进化规律连接起来？这些问题，近百年来一直困惑着科学家们。

正是基于这个"演化悖论"的困难，比利时物理化学家普里高津创建了"耗散结构理论"，研究自组织现象，企图填补理论物理与现代生物学之间的鸿沟。这些成就使他荣获1977年的诺贝尔化学奖。

图 37—1：普里高津在美国
得克萨斯大学奥斯汀分校

艾利亚·普里高津子爵（1917~2003）[45]，出生于莫斯科的犹太人
家庭，父亲是一位工厂主兼化学工程师，母亲曾是莫斯科音乐学院的学
生。1921 年，全家旅居德国。1929 年定居比利时。普里高津 1949 年加
入比利时国籍，1953 年当选为比利时皇家科学院院士，1967 年当选为
美国科学院院士，"由于他对非平衡热力学的贡献，特别是耗散结构理
论"，荣获 1977 年诺贝尔化学奖。2003 年 5 月 28 日，普里高津逝世于
比利时布鲁塞尔，享年 86 岁。

普里高津的父母一度赞成他立志成为一名律师或法官，而普里高津
自己又认定从事法律职业最好要从理解罪犯的心理入手。在翻阅犯罪心
理学方面的书籍时，他发现了一本论述大脑化学构成的著作。于是，他
学习法律的计划很快就让位于对化学的浓厚兴趣。

大学里的两位教授对普里高津产生了巨大的影响：开设热力学课程
的德·唐德和对复杂系统方面有着特殊兴趣的实验科学家提麦尔曼。正
是这两位教授，影响了普里高津毕生的兴趣和研究方向，使他最终成为
了非平衡态统计物理与耗散结构理论奠基人。

普里高津在 1967 年被聘为得克萨斯大学奥斯汀分校的物理学及化学工程学教授。之后，他穿梭于布鲁塞尔和奥斯汀两地。

热力学领域中，最令普里高津感兴趣的是不可逆现象及其展现出的"时间之矢"概念。因为生命体就是一个高度组织化的系统，不可逆现象在其中扮演着至关重要的角色。

热力学第二定律是时间之矢表现最为突出的物理定律。第二定律表明：一个孤立系统最终将会达到平衡态，此时该系统的所有性质，如温度、压力或者化学成分，将不随时间而改变，在系统内或系统的界面上也没有物质和能量的交换。普通热力学研究的就是这些处于平衡态的系统的性质。

1945 年，普里高津广泛地研究了 1931 年由昂萨格发端的线性非平衡态热力学，发展了形式体系，证明了极为重要的最小熵增定理，普里高津利用这条定理讨论了理论生物学中诸如胚胎演化等重要问题。普里高津确信：即使是高度复杂的人类行为最终也将受制于数学公式。

继续研究 20 余年之后，1968 年，普里高津提出了耗散结构理论。他指出：一个远离平衡态的开放体系的非线性区域中，当某一个参量达到一定阈值后，通过涨落就可以使体系发生突变，从无序走向有序，自发地组织成时间和空间的有序结构，产生化学振荡一类的自组织现象。

这一发现及其耗散结构理论的建立具有重要的科学意义和哲学意义，是当代化学发展的重要前沿领域。他的自组织系统的发现，是对热力学推论的一个更乐观的解释，为物理科学中时间的角色提供了一种新的见解。

自组织现象和热力学第二定律描述的熵增加的演化方向相反。也就是说，在一定条件下，一个开放系统可以由无序变为有序，开放系统能够从外界获得"负熵"，而使得熵减少。这时，系统中的大量分子、原子，会自动地按一定的规律运动，有序地组织起来。

普里高津认为，形成自组织现象的条件包括：（1）系统必须开放，是耗散结构系统；（2）远离平衡态，才有可能进入非线性区；（3）系统中各部分之间存在非线性相互作用；（4）系统的某些参量存在涨落，涨落变化到一定的阈值时，稳态成为不稳定，系统发生突变，便可能呈现出某种高度有序的状态。

由于在自组织现象中，系统呈现高度的组织性，这就为从物理理论的角度解释生命的形成提供了可能。不仅如此，在物理、化学的领域中，也经常观察到自组织现象。

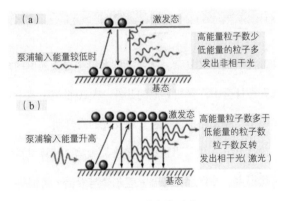

图37—2：激光的形成

半导体量子点的生长，就是一种自组织现象。在一种半导体衬底上，用外延方法生长另一种与衬底材料晶格常数不同的半导体材料时，这种材料会一小堆一小堆地分布在衬底上，每个小堆构成类似金字塔的形状，就是量子点。继续生长，才会把量子点间的部分逐渐填平，形成薄层生长。

激光也是一种时间有序的自组织现象。比如，如图 37—2 所示的氦氖激光产生机制图中，激光器是一个开放系统，外界通过泵浦向激光器输入能量，图 37—2（a）是当输入功率较低时的情况，这时候，各个氦原子所发出的光波的频率、相位和振动方向都各不相同，因而发出的是无规则的微弱的自然光。当输入功率增大到一定的值，如图 37—2（b）所示，这时系统发生突变，大量原子出现自组织现象，以同样的频率、相位和方向发射出高度相干的光束，这就形成了激光。

自组织现象、无序到有序的转化、生命的诞生，这些科学问题，启发科学家们思考时间的本质、时间的方向等哲学问题。

复杂性科学

分形和混沌既简单又复杂，从复杂的系统中寻找简单的规律，反映了大自然及人类社会中许多相类似的共性。从 20 世纪七八十年代开始，学术界兴起一个"复杂性科学"建立和发展的高峰期。

因此，1984 年，一批从事物理、经济、生物、计算机科学的学者，包括诺贝尔奖得主、夸克之父马瑞·盖尔曼与乔治·考温等人，建立了一个研究复杂性科学的"圣塔菲研究所"，全力支持年轻人对这个世界各方面的复杂系统进行更为困难和兴奋的探索。

数学上，从冯·诺伊曼开始就有研究了多年的自动细胞机；化学上，有普里高津远离非平衡态的耗散理论、自组织过程；物理学中的固体物理延拓成为凝聚态物理后，不仅研究对象之范围得以极大扩充，还包括着量变到质变引起的深刻改变。复杂性科学研究的各种复杂现象，在心理学、生物学、计算机科学、网络理论等领域都有表现，在科学的哲学思想上，也有突破和发展。

经典物理和哲学

"经典"这个词在现代物理中使用时有些含混不清，因为它通常被使用于两种不同的场合：一是表示相对论与非相对论的界限，二是表示量子与非量子的界限。在第二种情形下，狭义相对论和广义相对论也都被看成是经典理论。

我们在本节中所讨论的"经典物理"，指的是非相对论也非量子论的物理，或者说1900年之前，即量子力学和相对论建立之前的物理。

具体来说，经典物理学主要包括经典力学和经典电动力学。经典力学中，除了以三大定律和万有引力定律为基础建立的牛顿力学之外，还有经典拉格朗日力学与哈密顿力学。经典电动力学是法拉第和麦克斯韦的经典电磁理论。除此之外，经典热力学、经典统计以及其他不包括量子和相对论概念的理论，均属于经典物理。我们也可以以适用范围来划分经典和非经典，因为量子理论适用于微观世界，狭义相对论适用于高速（接近光速），广义相对论适用于宇宙大尺度，所以，本节所谓的经典物理适用的是：尺度比原子大得多、速度比光速小得多的宏观范围。

经典物理的哲学特征，主要表现于完全决定论和绝对时间空间观念。

决定论认为，自然界和人类世界中普遍存在一种客观规律和因果关系。一切结果都是由先前的某种原因导致的，或者是可以根据前提条件来预测未来可能出现的结果。这种哲学思想的源头有两个，一个来自宗教，一个来自经典物理。宗教认为一切都是上帝创造的、安排的，过去、现在和将来的事情都已经被上帝或另一个全能的力量决定了，也就是通常人们所说的"命运"，宿命论。这涉及意识形态方面的决定论，而物理方面的则是经典物理理论。

物理与哲学，探索的都是世界的本原问题，因此，最早期的物理学家，都同时又是伟大的哲学家，哲学科学为一体。从雅典三杰，亚里士多德时代开始，科学逐渐从哲学中脱胎分离出来。再后来，文艺复兴结束之时，开始了物理学的革命历程：哥白尼的日心说、伽利略的相对性原理以及多方面的科学实践，引导科学突飞猛进。在19世纪的一百年中，麦克斯韦电磁场、热力学定律、元素周期表、化学、演化论、细胞学，令人目不暇接。

尽管科学的发展速度远远高于哲学发展的速度，但哲学中的决定论思想却一直深深影响着物理学家的思考方式。

有趣的是，经典物理的结论又似乎反过来为决定论的哲学思想提供了科学理论的证据。

例如，牛顿力学完全是决定论的，因为根据牛顿运动方程，如果初始条件和边界条件决定了，今后的一切情况都决定了。换言之，整个宇宙就像一部大钟一样走动，过去以及未来的一切均已写好。这种观点得到了当时许多科学家的支持，包括后来的爱因斯坦，都深受影响。如拉普拉斯所说的："如果可以知道现在宇宙中每一个原子的状态，那么就可以推算出宇宙整个的过去和未来！"

绝对时空观

绝对时空观是经典物理的基本前提之一，也是近代物理——相对论对经典力学——的突破口。有一个著名的"水桶实验"，是牛顿在他那本辉煌的《自然哲学的数学原理》中展示的第一个也是他亲力亲为的实验，用以佐证绝对空间的观念。而马赫也以对这个实验的不同解释，推翻了绝对空间的概念。

牛顿本人是这样叙述水桶实验的："如果用长绳吊一水桶，让它旋转至绳扭紧，然后将水注入，水与桶都暂处于静止之中。再以另一力突然使桶沿反方向旋转，当绳子完全放松时，桶的运动还会维持一段时间；水的表面起初是平的，和桶开始旋转时一样。但是后来，当桶逐渐把运动传递给水，使水也开始旋转。于是可以看到水渐渐地脱离其中心而沿桶壁上升形成凹状。运动越快，水升得越高。直到最后，水与桶的转速一致，水面即呈相对静止。"

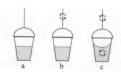

图 38—1：牛顿的水桶实验

这样简单的实验，是举手之劳。所以牛顿说他自己就做过。中国的一位物理学家在下放农村劳动时曾多次做过这个实验。实验事实是无可置疑的，问题是如何解释。简单的实验引起非常复杂深刻的讨论，并推动了相对论学说的创立。

在牛顿看来，空间是个绝对的存在，与物质无关："绝对空间，就其本性来说，与任何外在的情况无关，始终保持着相似和不变。"水桶实验中水面在桶壁处的上升，显然是由于离心力的作用。问题是，这个离心力是如何产生的？因为水与桶同步转动，所以这个离心力不可能是由于水相对于桶的转动。牛顿认为，这是绝对空间存在的绝好证明：水就是相对于绝对空间在转动，从而相对于绝对空间而产生离心力。同时惯性使得桶壁阻挡水的外溢而只能沿桶壁上升。牛顿正是想通过水的升高显示它脱离转轴的倾向，表现水的真正的、绝对的圆周运动，并进而说明：水的运动倾向不依赖于水与周围事物的相对运动，而是取决于某个绝对参考系，亦即绝对空间。

恩斯特·马赫否定了牛顿的绝对空间假说，他提出水的爬升并非由于其相对于绝对空间的运动，而是因为对天体的相对运动。马赫是一位奥地利—捷克实验物理学家和哲学家。他强调经验主义和实证主义在科学研究中的重要性，为科学哲学的发展奠定了基础。在马赫看来，物体的运动都不是相对于绝对空间，而是相对于别的物体而言的，绝对空间和相对于绝对空间的绝对运动都是不存在的。他明确指出：水桶实验中的离心力是由水对地球的质量和其他天体的相对转动所产生的。物体的惯性依赖于整个宇宙中物质的总和。爱因斯坦接受了这种观点，并进而建立了广义相对论。

广义相对论把物质与时空联系在一起,再没有绝对时空存在的位置。关于时间和空间的认识,一直是物理学家追寻的焦点。一本名著《宇宙的结构》(格林所著,但不是童话,或者是非常深奥的成人童话)中说:"尽管爱因斯坦的理论破坏了牛顿的绝对空间,但它给了我们另外的洞见——一种被称为时空的四维结构,而这就是绝对的。"有的科学家更超越了爱因斯坦的时空,认为是"希格斯场"渗透了整个宇宙,通过它对任何经过它的物体的阻力而产生惯性。还有更奇妙的想法(戴维斯),认为所谓"空"的空间,实际上是一种由短暂存在的亚原子粒子不断更新而产生的沸腾泡沫,这种量子"真空游戏"可以作为绝对空间的替代物。

无论如何,绝对时空的学说已经成为历史,解除了对绝对时空观的迷信,是科学的伟大进步,为人类展现了一个更加多姿多彩、奥妙无穷的世界,帮助人类洞悉了宇宙的真谛。一句话,更加接近了真理。

近代物理与哲学

　　近代物理包括相对论和量子力学，两者在哲学思想上都与以牛顿力学为核心的经典物理迥异，引发人们进行了不少哲学思考。

相对论的建立与哲学

　　相对论几乎可以说是由爱因斯坦一个人建立的，而爱因斯坦建立相对论的思路过程，与他受马赫哲学思想之影响密切相关。

　　马赫本人在实验物理学中也有所成就，但他于科学起的最大作用的，应该是他的哲学思想对爱因斯坦以及沃尔夫冈·泡利和理查·费曼等人的影响，为此爱因斯坦誉他为相对论的先驱。

　　马赫对当时经典物理学的许多基本观点持怀疑态度。他在重要著作《力学史评》（*Die Mechanik in ihrer Enwicklung historisch-kritisch dargestellt*）中，对经典力学的时空观、运动观、物质观做了深刻的批判。这种质疑有助于解放思想，为新发现和新理论的涌现创造自由气氛，也给年轻的爱因斯坦以极大的激励和启迪。

　　狭义相对论建立在光线不变定律和相对性原理的基础上。牛顿之前的伽利略就已经提出了相对性原理，意思是互做匀速直线运动的惯性参考系应该是完全等价的，在其中有相同的动力学规律。牛顿虽然主张绝对空间的概念，但经典力学在以"伽利略变换"为基础的不同惯性参考系中都是成立的，所以符合相对性原理。问题出现在麦克斯韦建立的电磁场理论中，因为引入了以太的观念，不符合相对性原理。人们设计的许多实验，均未探测到所谓的"以太风"。不过，荷兰物理学家亨德里克·洛伦兹给出的洛伦兹变换，表面上解决了这个问题。

最后，是爱因斯坦，在哲学上坚持相对性原理，在物理上提出光速不变的假设，并在此基础上重新考察时间及同时性的概念，一举把时空的绝对性从物理中排除出去，在数学上重新导出了洛伦兹变换，创立了狭义相对论。

狭义相对论与哲学

狭义相对论将时间和空间的概念联系在一起。时间不再绝对，而是随着使用的参考系的不同而不同。

我们生活的空间是 3 维的，因为 3 个数字决定了空间一点的位置。然而，在这个世界发生的任何事件，除了决定地点（即位置）的 3 个值之外，发生的时间点也很重要。如果把时间当作另外一个维度的话，我们的世界便是 4 维的了，称为 4 维时空。其实 4 维时空也是我们生活中常用的表达方式，比如说，当从电视里看到新闻报道，说到在曼哈顿第 5 大道 99 街某高楼上的第 60 层发生了杀人案件时，还一定会提到案件发生的时间：2014 年 10 月 3 日 6 点左右。这儿的报道中提到的 5、99、60 这 3 个数字，可以说是代表了事件的 3 维空间坐标，而发生的时间（2014年10月3日6点）就是第4维坐标了。

狭义相对论中使用4维坐标来表示"时空"，时间和空间互相关联影响，不过，时间概念与空间有一个根本的区别，那就是时间概念的单向性。你在空间中可以上下左右四面八方随意移动，朝一个方向前进之后可以后退再走回来。但时间却不一样，它只能向前，不会倒流，否则便会破坏因果律，产生许多不合实际情况的荒谬结论。

爱因斯坦的狭义相对论将时间和空间统一起来，彻底改变了经典的时空观，由此也产生了许多"佯谬"，双生子佯谬是其中最著名的一个。

根据相对论，对静止的观测者来说，运动物体的时钟会变慢。而相对论又认为运动是相对的。那么，有人就感到糊涂了：站在地面上的人认为火车上的人的钟更慢，坐在火车上的人认为地面上的人的钟更慢，到底是谁的钟快谁的钟慢啊？之所以问这种问题，说明人们在潜意识中仍然认为时间是"绝对"的。尽管爱因斯坦将同时性的概念解释得头头是道，听起来也似乎有他的道理，但是人们总觉得有问题想不通，于是，便总结出了一个双生子佯谬。最早是由朗之万在1911年提出的。

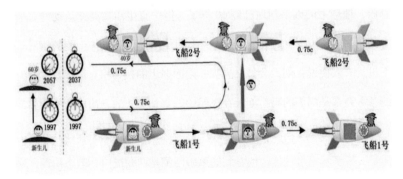

图39—1：双生子佯谬

话说地球上某年某月某日，假设在 1997 年吧，诞生了一对双胞胎，其中哥哥（刘天）被抱到宇宙飞船 1 号送上太空，另一人（弟弟刘地）则留守地球过普通人的日子。飞船 1 号以极快的速度（光速的四分之三）飞离地球（图 39—1 中向右）。根据相对论的计算结果，在如此高的速度下，时间变慢的效应很明显，大概是 3:2 左右。所谓"时钟变慢"，是一种物理效应，不仅仅是时钟，而是所有与时间有关的过程，诸如植物生长、细胞分裂、原子振荡，还有你的心跳，所有的过程都放慢了脚步。总之就是说，当自认为是在"静止"参考系中的人过了 3 年时，他认为运动的人只过了 2 年。按照地球人的计划，1997 年发射的那艘宇宙飞船 1 号，将于地球上 30 年（而飞船 1 号上 20 年）之后，在某处与飞船 2 号相遇。飞船 2 号是朝向地球飞过来的，即图 39—1 中向左的方向，速度也是光速的四分之三左右。在那个时刻，刘天从飞船 1 号转移到飞船 2 号上。也就是说，飞船 1 号继续向右飞行，飞船 2 号继续向左飞行，只有刘天，掉头反向以光速的四分之三的速度飞回地球。因此，地球上总共经过了 60 年之后，2057 年，一对双胞胎能够再见面啦！那时候，地球上的弟弟刘地已经 60 岁了，但一直生活在高速运动的飞船中的哥哥刘天却只过了 40 个年头，人到壮年，正值风华正茂的年月。不过，有人便说：刘天会怎么想呢？爱因斯坦的狭义相对论不是说所有的参考系都是同等的吗？刘天在飞船中一直是静止的，地球上的弟弟却总是相对于他做高速运动，因此，他以为弟弟应该比他年轻许多才对。但是，事实却不是这样，他看到的弟弟已经是两鬓斑白、老态初现，这便似乎构成了佯谬。无论如何，我们应该如何解释刘天心中的疑惑呢？

首先，刘天有关狭义相对论的说法是错误的。狭义相对论并不认为所有的参考系都等同，而是认为只是惯性参考系才是等同的。刘天在旅行过程中坐了两个宇宙飞船。他的旅程分成了飞离地球（飞船1号）和飞向地球（飞船2号）这两个阶段。飞船1号和飞船2号可以分别当作是惯性参考系，但刘天的整个旅行过程却不能作为一个统一的惯性参考系。因为刘天的观察系统不是惯性参考系，刘天便不能以此而得出刘地比他年轻的结论。所以，"佯谬"不成立。当刘天返回地球时，的确会发现地球上的弟弟已经比自己老了20岁。如果设想两个宇宙飞船的速度更快一些，快到接近光速的话，当它再次返回地球时，的确就有可能出现神话故事中描述的"山中方一日，世上已千年"的奇迹了。

详细解释、仔细分析双生子佯谬，必须用到广义相对论，我们在此不详细讨论，有兴趣者请阅读参考资料[46]。

广义相对论与哲学

上一节中介绍过牛顿的"水桶实验"。水桶实验的实质，是非惯性坐标系（例如水桶的旋转坐标系）相对于惯性坐标系的问题。100多年之后，牛顿的解释受到马赫的批判。马赫认为牛顿的"绝对空间"无法观测和检验，因此不存在。马赫用"可观测的星空背景"，代替牛顿的绝对空间，来解释水桶效应。表面看来，马赫只是用天体取代了绝对空间，并不具有很强的说服力，但其中却有深奥的哲学含义。因为马赫实际上否定了牛顿认为存在于某处的、一个绝对的空间框架，而代之以与物质有关联的星空,这是完全不同的哲学思想。

马赫也试图建立相应的动力学理论,却没有成功。马赫的思想启发了爱因斯坦。特别是在他成功创建了狭义相对论之后,他自己也很快发现了狭义相对论的不足之处,其中的狭义相对性原理只对于互相做匀速直线运动的惯性参考系成立。物理规律为什么对惯性参考系和非惯性参考系表现不一样呢?惯性参考系似乎仍然具有特殊性,仍然没有完全摒弃"绝对时空"的观念,因此,爱因斯坦认为原来的相对性原理需要被扩展到非惯性参考系。

说到水桶实验,应该与旋转运动的惯性力有关。惯性力与引力的关系又如何呢?引力是物质产生的,马赫的想法将水桶实验与星体物质联系起来。将各种想法综合起来,爱因斯坦认为,不仅速度是相对的,加速度也应该是相对的,非惯性系中物体所受的与加速度有关的惯性力,本质上是一种引力的表现。因而,引力和惯性力或许可以统一起来。

由此,爱因斯坦想到了一个与引力及惯性有关的思想实验:如果我和"自由落体"一样地下落,会有些什么样的感觉?这点我们在前面第四章介绍过(见图17—2)。加速度可以抵消重力的事实说明它们之间有所关联。加速度的大小由物体的惯性质量 m_i 决定,重力的大小由物体的引力质量 m_g 决定。由此,爱因斯坦将惯性质量 m_i 和引力质量 m_g 统一起来,认为它们本质上是同一个东西,并由此而提出等效原理。

再后来,爱因斯坦接触到黎曼几何,这个强大的数学工具,结合他将惯性质量和引力质量等效,从而推广到非惯性系的广义相对性原理,爱因斯坦建立了广义相对论。这个理论作为哲学上的后果就是:物质存在决定了时空，物质的运动表现为时空的运动。

之后，这个哲学观点又直接影响了宇宙学的研究，推动了大爆炸宇宙模型的建立。

如今，广义相对论已经经过了不少的实验验证，特别是由于航天技术的发展，其中一个与马赫解释水桶实验有关的"陀螺实验"，是美国NASA发射的"引力探测器-B"在太空中进行的测地线漂移和参考系拖拽实验，此为题外话，不予详述，请见参考资料[47]。

量子力学与哲学

学物理的，都知道量子力学。即使专业不是物理，也大都听过。因为量子现在成了一个热门的名词，一听到量子，人人都会说：不就是那个薛定谔的猫吗？

对了，是薛定谔的猫。为什么公众谈到量子力学的时候，就要用这个"又死又活"的薛定谔的猫来比喻呢？因为这个比喻可以说代表了量子力学的精华！"又死又活"一语，道破了量子理论的本质：不确定性！

我们已经熟悉了我们周围的经典宏观世界，哪里有什么"又死又活"的猫呢？人或动物，要么就死要么就活，医生说死了就死了，说没死就没死，状态是确定的。但被量子规律主宰的微观世界里，状态不确定！猫处于"死"与"活"的叠加态：死活不定，直到我们打开盖子看！微观粒子（比如电子、光子）的运动状态也是这样，不知道在哪里，也不知道运动得快还是慢，除非我们去测量它！

有人可能会说：宏观世界也有不确定性啊，抛硬币、掷骰子、赌博机，社会上和人生中，还有许多别的事件，都是不确定的啊！另一个问题是我说到的有关"测量"。我说，猫的死活不定，直到我们打开盖子看！你可能会问：这是什么意思？

上面的第一个问题有关不确定性，第二个有关量子测量的本质，两个问题都是量子力学引发的哲学问题。

量子力学的不确定性

1900 年，普朗克为解决黑体辐射难题，率先打响了"量子论"的第一炮；之后，爱因斯坦提出光量子以解释光电效应；然后，玻尔的原子模型，以及德布罗意的物质波和薛定谔的波动方程，为量子论的建立奠定了重要的理论基础。

量子世界与我们熟悉的宏观世界完全不同：光波具有粒子性，电子具有波动性，任何物质，都具有了二象性，都既是粒子又是波！微观粒子的波动用波函数描述。波函数是全时空的函数，如何解释它呢？玻恩的概率解释还算靠谱。但那就意味着：在任何时刻，你只知道概率，却不能确定微观粒子到底在哪里！量子力学所描述的这种状态不确定性，给了决定论当头一棒。虽然经典理论中也有概率，也有不确定性，比如掷骰子抛硬币之类的事件，但是，量子力学的不确定性，与经典物理的不确定性不一样。

哪儿不一样呢？可以说，经典概率，例如抛硬币这种不确定性，是表面的、外在的。

在经典物理学的框架中，不确定性是来自于我们知识的缺乏，是由于我们掌握的信息不够，或者是没有必要知道那么多。比如说，当人向上丢出一枚硬币，再用手接住时，硬币的朝向似乎是随机的，可能朝上，可能朝下。但按照经典力学的观点，这种随机性是因为硬币运动不易控制，从而使我们不了解（或者不想了解）硬币从手中飞出去时的详细信息。如果我们对硬币飞出时每个点的受力情况知道得一清二楚，然后求解宏观力学方程，就完全可以预知它掉下来时的方向了。换言之，经典物理认为，在不确定性的背后，隐藏着一些尚未发现的"隐变量"，一旦找出了它们，便能避免任何随机性。或者说，隐变量是经典物理中概率的来源。

那么，波函数引导到量子物理中的概率，是不是也是由更深一层的"隐变量"产生的呢？

这个问题又使得物理学家们分成了两大派：一是以爱因斯坦为首的"隐变量"派，认为"上帝不会掷骰子！"，一定是隐藏于更深层次的某些隐变量在起作用，使得微观世界看起来表现出不确定性。另一派则是以玻尔为首的"哥本哈根学派"，他们认为不确定性是微观世界的本质，没有什么更深层的隐变量！正是这个分歧，导致了爱因斯坦和玻尔之间的"世纪之争"。

1935 年，爱因斯坦针对他最不能理解的量子纠缠现象，与两位同行共同提出著名的 EPR 佯谬[48]，试图对哥本哈根诠释做出挑战，希望能找出量子系统中暗藏的"隐变量"。

爱因斯坦在给玻恩的一封信中写道："你信仰投骰子的上帝，我却信仰完备的定律和秩序。"

贝尔的功劳

爱因斯坦质疑量子力学主要有三个方面：确定性、实在性、局域性。1964 年，约翰·贝尔从经典统计观点出发，提出了一个实验检测"是否存在隐变量"的方法。

贝尔导出了一个贝尔不等式，这个不等式用经典统计的几何图像很容易被直观理解。例如，某一天，我们在某学校作统计。如下图，三个圆圈分别表示小学生中"戴帽子、戴手套、戴围巾"三种情况的学生。

在量子力学实验系统中，如果存在隐变量，那么两个分隔的纠缠粒子同时被测量时其结果的可能关联程度一定会满足一个限制，用数学表

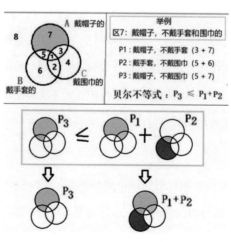

图 39—2：贝尔不等式

达出来就是贝尔不等式。反之，如果贝尔不等式被违背了，那么就说明不存在（局域）隐变量。数次量子实验都观察到了违背这个不等式的结果，所以，排除了量子力学中的隐变量。

如今，爱因斯坦的 EPR 文章已经发表了 80 余年，令人遗憾的是，许多次实验的结果并没有站在爱因斯坦一边，并不支持当年德布罗意－玻姆理论假设的"隐变量"观点。反之，实验的结论是：没有（局域）隐变量，不确定性是世界的本质[49]。

测量的本质

此外，量子力学创始人之一的海森堡，给出了微观世界的不确定性原理。这个原理表明，粒子的位置与动量不可同时被确定，位置的不确定性越小，则动量的不确定性越大，反之亦然。不确定性原理被无数实验所证实，这是微观粒子内秉的量子性质，反映了世界不确定的本质。

世界本质上是不确定的，这个结论使得当年拉普拉斯有关决定论的宣言变成了一个笑话。实际上，我们仔细想想，还是非决定论容易理解。试想，某个科学家在某天出了个意外的车祸死去了，难道这是预先（他生下来时）就决定了的结果吗？当然不是！除了量子论揭露了世界的本质是非决定论的之外，对非线性导致的混沌理论的研究，也支持非决定论。混沌理论解释了：即使是决定性的系统，也有可能产生随机的、非决定性的结果！

承认非决定性不难，难的是对导致不确定性的波函数进一步解释下去。此外，量子力学的实验测量启发了人们对"主观"和"客观"的认识，因为在微观测量中两者难以分清。

经典物理学从来认为物理学的研究对象是独立于"观测手段"存在的客观世界，而量子力学中的测量却将观测者的主观因素掺和到客观世界中，两者似乎无法分割。

看起来，因量子力学测量而引发的人的主观意识与物质世界的关系，是一个人们总想回避但却终究回避不了的事情，就像哲学家们争论了两千年以上的自由意志问题一样。

后记

《科学传奇》这本小书，以科学的发展为主题，以科学家和科学事件的传奇色彩为素材。它远远不是一本科学史，但旨在使读者对科学有一个比较概括和鲜活的了解，更希望能促进大众对科学的兴趣和认识，能推动科学知识在全社会的普及和科学精神在社会生活中的发扬。

人类是在我们所认知的世界中唯一具有高智商的生物，科学活动是高智商的集中体现。科学有它的发展过程和规律，它是人类文明的标志，是人类在同自然界求共存并试图征服自然的进程中克服千难万险而发展起来的。

科学与技术经常被相提并论。的确，现代社会依靠先进技术的支撑，而科学是技术的基础。科学与技术不可分离，但它们彼此相通而并不相同，犹如"君子和而不同"。有人很恰当地指出，中国长时间的落后，原因之一是只重技术（例如火药），而不追究其中的原理，而这些原理就构成了纯科学。基础科学在现代中国也依然是命运多舛，距离国际先进水平还有相当的距离。而基础科学的落后，会拖累技术与产业，乃至整个社会经济发展的步伐。

科学与艺术都追求美，科学与数学都追求严谨，科学与哲学都追求真理。科学是文化的精髓，是人类文明最精华的部分之一。一个社会的文明进步，决然离不开科学。轻视科学，甚至迫害科学家的社会是没有前途的。

没有科学精神和科学素养的民族也是没有希望的。本书写作时正值新冠病毒性肺炎在华夏大地肆虐。而我们追溯其成因时，也不得不谴责违背科学精神、缺失科学素养的无知和无德。

中国近代伟大的先驱者梁启超先生曾经说过："有系统之真知识，叫作科学，可以教人求得有系统之真知识的方法，叫作科学精神。"他在一百年前就衷心祝祷中国文化添入（科学）这有力的新成分，再放异彩！希望这本小书或许能启发一些年轻人对科学的追求和探索，也期待更多的"科学传奇"能在新一代身上放出灿烂光辉。

本书涵盖领域宽广，涉及人物众多，资料汇集或有不足不实，评议论述或有不妥不公，敬祈指正。

作者谨识

2020 年 2 月

【1】林之满、萧枫主编，高贵典雅的古希腊文明 [M]，辽海出版社，2008，308-400.

【2】洪万生，阿基米德的现代性：再生羊皮书的时光之旅 [L]：HPM 通讯，2007.

【3】〔美〕亨利·E. 西格里斯特，最伟大的医生：传记西方医学史 [M]，李虎等译，北京大学出版社，2014.

【4】〔美〕斯蒂芬·温伯格，给世界的答案：发现现代科学 [M]，凌复华、彭婧珞译，中信出版社，2016，180.

【5】〔德〕恩斯特·费舍尔，科学简史：从亚里士多德到费曼 [M]，陈恒安译，浙江人民出版社，2018，40.

【6】张天蓉，科学是什么 [M]，清华大学出版社，2019，60.

【7】尼古拉·哥白尼，天体运行论 [M]，徐萍译，北京理工大学出版社，2018.

【8】伽利略，关于托勒密和哥白尼两大世界体系的对话 [M]，上海外国自然科学哲学著作编译组译，上海人民出版社，1974，19.

【9】〔美〕格雷克，牛顿传 [M]，吴铮译，高等教育出版社，2004，22-32.

【10】Hirshfeld, Alan W., The Electric Life of Michael Faraday[M]. Walker and Company，2006.

【11】Basil Mahon，The Man Who Changed Everything: The Life of James Clerk Maxwell[M]，Wiley，2004.

【12】〔意〕卡罗·切尔奇纳尼，玻尔兹曼——笃信原子的人 [M]，胡新和译，上海科技教育出版社，2006.

【13】陶丰，论波义耳、道尔顿、拉瓦锡对近代化学的贡献 [J]，渝州大学学报，1994，11（4）.

【14】〔英〕阿德里安·戴斯蒙德、詹姆斯·穆尔，达尔文 [M]，焦晓菊、郭海霞译，上海科学技术文献出版社，2011.

【15】〔英〕F. 达尔文编，达尔文自传 [M]，叶笃庄、叶晓译，辽宁教育出版社，1998.

【16】达尔文，物种起源 [M]，周建人、叶笃庄、方宗熙合译，商务印书馆，1995，5.

【17】查理·达尔文，物种起源 [M]，钱逊译，江苏人民出版社，2011.

【18】〔美〕吉尔·琼斯，光电帝国 [M]，吴敏译，中信出版社，2006.

【19】爱因斯坦著，爱因斯坦文集（第一卷）[M]，许良英、范岱年编译，商务印书馆，1976，574.

【20】〔英〕安德鲁·霍齐斯，艾伦·图灵传：如谜的解谜者 [M]，孙天齐译，湖南科学技术出版社，2017.

【21】张天蓉，永恒的诱惑——宇宙之谜 [M]，清华大学出版社，2016，123-148.

【22】张天蓉，上帝如何设计世界——爱因斯坦的困惑 [M]，清华大学出版社，2015，123-148.

【23】张天蓉，苹果落地是因为时空弯曲吗 [N]，人民日报，2015-06-04（016）.

【24】王正行，量子力学创立的历史概要：第五届索尔维会议 90 年 [J]，科学文化评论，2017，14（3）.

【25】〔德〕M. 玻恩、黄昆，晶格动力学理论 [M]，葛惟昆等译，北京大学出版社，2011.

【26】张天蓉，世纪幽灵——走近量子纠缠 [M]，中国科技大学出版社，2013，30-50.

【27】郝柏林，朗道百年 [J]，物理，2008，37（09）：666-671.

【28】〔美〕费曼，量子电动力学讲义 [M]，张邦固译，高等教育出版社，2013，97-100.

【29】张天蓉，电子，电子！谁来拯救摩尔定律 [M]，清华大学出版社，2014，41-60.

【30】夏建白、葛惟昆、常凯，半导体自旋电子学 [M]，科学出版社，2008.

【31】Edward J. Watts，Hypatia: The Life and Legend of an Ancient Philosopher [M]，Oxford University Press，2017.

【32】〔法〕玛丽·居里，居里夫人传 [M]，陈筱卿译，长江文艺出版社，2019.

【33】〔英〕布兰妲·马杜克斯，DNA 光环背后的奇女子：罗莎琳·法兰克林的一生 [M]，杨玉龄译，天下文化，2004.

【34】〔奥〕埃尔温·薛定谔，生命是什么 [M]，罗来欧、罗辽复译，湖南科学技术出版社，2007，100.

【35】〔美〕J.D. 沃森，双螺旋：发现 DNA 结构的故事 [M]，刘望夷译，化学工业出版社，2009，100.

【36】〔英〕弗朗西斯·克里克，狂热的追求——科学发现之我见 [M]，吕向东等译，中国科学技术出版社，1994，130.

【37】Kosmann-Schwarzbach, Yvette，The Noether theorems:Invariance and conservation laws in the twentieth century [M]，Springer-Verlag，2010.

【38】杨振宁，美与物理学 [L]，二十一世纪，1997，40（4）.

【39】葛力，十八世纪法国哲学 [M]，社会科学文献出版社，1991.

【40】张天蓉，蝴蝶效应之谜 [M]，清华大学出版社，2014，60.

【41】Higgs, Peter，Broken Symmetries and the Masses of Gauge Bosons，Physical Review Letters [J]，1964，13 (16): 508-509.

【42】R. Oerter，The Theory of Almost Everything: The Standard Model, the Unsung Triumph of Modern Physics，The Physics Teacher [M]，2006, 44:399.

【43】〔英〕罗素，西方哲学简史 [M]，富强译，陕西师范大学出版社，2010.

【44】〔美〕梯利，西方哲学史 [M]，葛力译，商务印书馆，1995.

【45】〔比〕普利高津、尼科里斯，探索复杂性 [M]，四川教育出版社，2010.

【46】张天蓉，上帝如何设计世界——爱因斯坦的困惑 [M]，清华大学出版社，2015，123-148.

【47】张天蓉，揭秘太空——人类的航天梦 [M]，清华大学出版社，2017，123-148.

【48】Dirac, P. A. M，The Quantum Theory of the Electron，Proceedings of the Royal Society [J]，1928，117 (778): 610.

【49】张天蓉，极简量子力学 [M]，中信出版社，2019，30-50.